YANGYU YOUDAO YU 'ER CHUANYAN FENSUIJI

养育有道
育儿传言粉碎机

新浪母婴研究院　编著

接力出版社
Publishing House

图书在版编目（CIP）数据

养育有道：育儿传言粉碎机 / 新浪母婴研究院编著. —南宁：接力出版社，2017.12

ISBN 978-7-5448-5208-1

Ⅰ.①养… Ⅱ.①新… Ⅲ.①婴幼儿—哺育—基本知识 Ⅳ.①TS976.31

中国版本图书馆CIP数据核字（2017）第278473号

责任编辑：楚亚男　　美术编辑：许继云
责任校对：刘艳慧　杜伟娜　　责任监印：刘　冬
社长：黄　俭　　总编辑：白　冰
出版发行：接力出版社　　社址：广西南宁市园湖南路9号　　邮编：530022
电话：010-65546561（发行部）　　传真：010-65545210（发行部）
http：//www.jielibj.com　　E-mail：jieli@jielibook.com
经销：新华书店　　印制：北京鑫丰华彩印有限公司
开本：710毫米×1000毫米　1/16　　印张：17.75　　字数：195千字
版次：2017年12月第1版　　印次：2017年12月第1次印刷
印数：00 001—10 000册　　定价：39.80元

张思莱 （新浪母婴研究院金牌专家、儿科专家）

蒋佩茹 （复旦大学妇产科学教授）

李 宁 （北京协和医院营养科营养师、副教授）

翟长斌 （北京同仁医院屈光科主任医师）

廖 莹 （北京大学第一医院儿科主治医生）

刘晓雁 （首都儿科研究所皮肤科主任、主任医师）

郑黎薇 （四川大学华西口腔医院儿童口腔科教授）

王娅婷 （四川大学华西口腔医院儿童口腔科讲师）

胡 萍 （儿童性心理发展与性教育专家）

贾 军 （东方爱婴创始人、早幼教专家）

高寿岩 （"喵姐早教说"创始人、早幼教专家）

目录

日常护理篇

小儿喂养篇

疾病健康篇

早期教育篇

日常护理篇

道听途说

新生儿一定要挤乳头吗？

女儿刚出生没几天，双侧乳房内各有一个小小的肿块，用手摸一摸，感觉硬硬的。有些时候还会有白色的、像乳汁一样的东西流出来。

婆婆说："在我们村里，新生宝宝都要挤乳头。这是老祖宗传下来的。你现在舍不得，将来孩子乳头凹陷时，你可别回过头埋怨我当初没好心劝你。"

我对婆婆的话半信半疑，真的是这样吗？

真 相

给新生儿挤乳头很容易引起细菌感染

指导专家：张思莱
（新浪母婴研究院金牌专家、儿科专家）

我国一些地方确实流传着女孩子出生后一定要给她挤乳头的说法，目的是防止今后乳头凹陷。这种道听途说，是没有科学依据的，爸爸妈妈一定不要轻信。

不管是男孩还是女孩，出生不久后暂时性的乳核增大（有的像黄豆，有的像蚕豆，有的甚至有胡桃那么大），出现黑色乳晕，甚至分泌微量的乳汁都不用太担心，这是由母体中雌激素通过胎盘残留在孩子体内影响所致。

这些虽然是新生儿的一种特殊表现，但也是新生儿的正常现象，只不过不是每个孩子身上都有。

给新生儿挤乳头很容易引起细菌感染。新生儿从母体来到这个大千世界，要面对着各种病原体的威胁，他们对多种疾病的特异性免疫主要是通过母体获得，但是他们的特异性免疫反应很不活跃，有的抗体还是不能够通过胎盘给予孩子，因此，新生儿体内的非特异性免疫还不成熟，抑菌杀菌能力很低，所以即使在成人看来是微不足道的感染，对于抵抗力相当弱的新生儿来说也是灭顶之灾。所以我们要科学地、仔细地呵护孩子，千万不要给他们挤乳头。

民间流传已久的育儿陋习

1. 擦马牙：一些新生儿出生后在牙龈上可见一些黄白色的小颗粒，俗称"马牙"。这是由于上皮细胞堆积而形成的，或为黏液包裹的黄白色小颗粒。它是宝宝牙齿发育过程中牙釉质没有被吸收形成的角化钙，很像小牙。有的地方有用布擦马牙或者挑破的习惯，这类不洁的处理方式往往会引起感染，并造成感染扩散。马牙不需要治疗，随着孩子的成长可自然脱落。

2. 挑破螳螂嘴：有的新生儿出生后在两颊部会各有一个突起的脂肪垫，俗称"螳螂嘴"，它有利于孩子吮吸乳汁，千万不可挑破，否则会引起感染甚至危及生命。

3. 剃胎毛、剃眉毛、剃睫毛：有些地方流传着这样的说法，孩子满月后，给他们剃胎毛、眉毛、睫毛的行为，可使毛发漂亮，变黑变长。这既不科学，也容易对宝宝造成伤害。

婴儿的皮肤娇嫩，表皮的角质层、透明层、颗粒层均很薄，皮肤功能发育不完善，皮下血管丰富，但防御功能差，对外界刺激抵抗力差，所以很容易因剃毛受到伤害而发生感染。

婴儿的头发有着显著的个体差异，同时与遗传、营养和健康状况等诸多因素有关，这个时期头发的多少和颜色并不决定以后头发的特点。一般在孩子2—3岁后，头发自然会逐渐变黑。

眉毛和睫毛是保护眼睛的两道防线，可以阻挡外来的异物进入眼睛，剃去眉毛和睫毛就等于去掉了保护眼睛的两道防线，也容易损伤眼睑边缘而引起细菌感染。

新生儿不能竖抱？

宝宝出生后，关于新生儿如何抱这个问题家里人起了分歧。我妈说："新生儿不能竖抱，只能横着抱。因为孩子的脊椎不能承受压力，经常竖抱，宝宝长大后脖子会缩进去，变得很短。"可是老公却不这么觉得："我看到小区里面抱孩子的人，很多人也竖着抱孩子呀，您那说法就是空穴来风，没有科学依据的！这脖子就是用来支撑头的，怎么可能竖起来一会儿脖子就给压短了？又不是橡皮泥做的。"

老公和我妈的说法究竟谁对呢？新生儿真的不能竖抱吗？

真 相

可以竖着抱，但是需要保护好孩子的后背和头

指导专家：张思莱
（新浪母婴研究院金牌专家、儿科专家）

孩子出生以后就可以竖着抱，但是需要保护好孩子的后背和头。横抱和竖抱只是脊椎承受的重量方向不一样而已。在用手和手臂护住宝宝

头颈的情况下，横抱和竖抱区别很小。

竖抱可以让孩子视野开阔，获得更多信息，提高孩子的认知水平。如果孩子总是躺着，看到的就是白花花的天花板，任何其他的视觉信息都没有。长此以往，孩子的视觉皮层大多数神经细胞就只对白色的天花板起反应，对其他形状和颜色就不起反应了。孩子长期处在这样单一的视觉经验中，他的视觉皮层神经细胞的敏感性就会降低。

此外，竖抱也可以训练孩子的头竖立。宝宝的头竖立是需要平时训练的，这需要家长有意识地进行训练，竖抱就是一个很好的机会。如果孩子4个月时头竖立还不稳的话，就要高度警惕，须请医生做进一步指导。

竖抱新生儿的方法

新生儿的头占全身长的四分之一，他们的颈部还不能支撑头部竖立，所以竖抱宝宝时，要扶住宝宝的头部和背部，或者将宝宝的背部贴着成人的胸部，面朝前，一只手托着宝宝的臀部，另一只手扶着宝宝的胸部。随着宝宝的成长，竖抱的时间可以逐渐延长，宝宝的头部竖立的时间可以从数秒延长到一两分钟。

月子房的灯光越昏暗越好？

道听途说

老婆快要生了，为了迎接小生命，我们把之前我和老婆的房间拾掇拾掇，准备用来当月子房。前几天二姨来家里玩，看见我们布置的月子房，前前后后打量了一番，一本正经地对我们说："哎呀，你们这个房间的灯光不行呀！这种光线成人的眼睛看是没问题，对于孩子就太强了。月子房的灯光啊，越暗越好！"二姨的经验分享，可靠吗？

真 相

月子房的光线太昏暗对孩子的视力发育不好

指导专家：翟长斌
(北京同仁医院屈光科主任医师)

月子房的灯光没有必要弄得很昏暗，正常光线就可以。孩子的视力发育需要光线的刺激，成人在什么样的光线下舒服，就给孩子安排在什么样的环境里。月子房的光线太昏暗反而对孩子的视力发育不好。

后脑勺的枕秃，就是缺钙？

有的老人说，宝宝后脑勺没头发是缺钙，得赶紧补钙！这是真的吗？

真　相

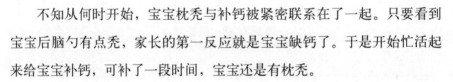

宝宝枕秃不一定是缺钙引起的，枕秃是一个暂时现象，随着宝宝逐渐长大会自然消失

指导专家：张思莱

（新浪母婴研究院金牌专家、儿科专家）

不知从何时开始，宝宝枕秃与补钙被紧密联系在了一起。只要看到宝宝后脑勺有点秃，家长的第一反应就是宝宝缺钙了。于是开始忙活起来给宝宝补钙，可补了一段时间，宝宝还是有枕秃。

其实，宝宝枕秃与缺钙并没有必然联系，以枕秃来判断宝宝是否缺钙也缺乏科学依据。如果宝宝真的缺钙，除了枕秃，还会有多汗、睡不踏实、肋骨变形等其他特征，并非只有枕秃一种表现。

新生儿在出生后一个多月胎毛脱落又生新毛，因为新生儿头发绵细色淡，胎毛生长期比较短，加上孩子经常躺着摩擦、出汗多，所以就会出现枕秃，我们称之为生理性脱发。

1. 躺着的时间多

宝宝还小的时候不会坐，更不会站立，大部分时间都是躺在床上睡觉、休息，或被家人抱在怀里，脑袋几乎都在和枕头、床单、衣服、臂弯的皮肤等接触。由于反复摩擦，宝宝的头发就会被磨掉，尤其是后脑勺等突起部位的头发最容易被磨掉，由此形成了枕秃。

2. 喜欢摇头

很多宝宝在入睡前或烦躁时，会习惯性地以摇头作为自我安慰的方式，少数宝宝入睡前摇头的习惯可能一直持续到两三岁以上，这也会引起脱发。另外，如果宝宝患有湿疹，会由于头部瘙痒等原因猛烈摇头，加重枕秃，而湿疹本身由于造成局部皮肤炎症，也妨碍了毛发的生长。

3. 出汗多

大多数宝宝都爱出汗，因为宝宝生长速度快，新陈代谢也比较旺盛，再加上控制出汗的交感、副交感神经系统发育不完善，在入睡时、睡醒时、吃奶时，常常是满头大汗。由于受到汗水的刺激，宝宝摇头更频繁，而汗水加上摩擦，更容易引起局部的头发脱落。

改善枕秃的办法

知道了宝宝枕秃的原因，家长就可以放下心来。孩子到 1 岁左右毛囊开始活跃起来，开始生长更多的头发。有的毛囊可能生出一根头发，有的毛囊可能生出数根头发。同时头发脱落，再生数次。大部分胎毛会在 6 个月内脱落，然后被成熟的毛发代替。小儿一直到 3 岁不断地有不规则的脱发，可能与头发生长的周期有关。

1. 让他趴一趴

随着宝宝长大，可以逐渐延长他趴着的时间，既能减少头部与枕头、床单、衣物摩擦的机会，又能让宝宝通过俯卧抬头来锻炼颈部肌肉，让宝宝更好地控制颈部。

2. 白天多竖着抱

白天孩子清醒的时候，尽量竖着抱起孩子，既有利于给予孩子视觉的刺激，让孩子通过双眼看到更多的信息，提高认知水平，也是一种早期教育。可以训练孩子更早地头部竖立，锻炼孩子颈部和背部的肌肉。避免孩子躺着总是注视单调的天花板，同时减轻由于躺着对头部的摩擦。

3. 及时擦汗

宝宝出汗多是生理性的，无法改变，我们可以做的，是在宝宝出汗后及时擦干，经常给他洗头，帮他消除不适感，从而减少宝宝的摇头和摩擦。

道听途说

睡米枕头可以使宝宝的后脑勺更好看?

我的脑袋向左偏斜,一扎马尾,难看的头型就暴露了。女儿刚出生 1 周,我妈听说给孩子睡个米枕头,能使孩子的后脑勺更好看些,便开始给她用 4 厘米高的米枕头。可是现在女儿的头型却有了睡偏的倾向。睡米枕头真的能让孩子的头型长得好看吗?

真 相

这种说法是不科学的

指导专家:张思莱
(新浪母婴研究院金牌专家、儿科专家)

首先,新生儿是不建议使用枕头的。只有当宝宝 3—4 个月大,头已经竖立得很好,颈椎前凸形成脊柱的第一个弯曲即颈曲时,才可以考虑枕 3—4 层毛巾高的软枕头。不过美国儿科学会(AAP)是不建议 1 岁内的宝宝使用枕头的。

孩子的颅骨较软,囟门和颅骨缝还未完全闭合,长期使用质地过硬的米枕头、绿豆枕、砂枕……反而易造成头颅变形,导致头变偏、变扁、变尖等，影响头颅的外形美观。

　　如果孩子的头偏了，最佳矫正时间是在出生后 3 个月内。这个时期，孩子的颅骨还在发育中，边缘还没有骨化，骨质比较软，所以比较好矫正。轻度的偏头，家长可以让孩子的头朝相反的方向躺着，帮助孩子勤翻身，白天多竖着抱孩子，或者让孩子练习俯卧抬头。重度的偏头，随着孩子的发育，有可能程度会减轻，但如果过于严重的话，就需要使用矫正头盔了。

　　家长在用童车推孩子外出时，可尽量让孩子采取半卧位、倾斜度为15—30 度，这样既有利于孩子用眼睛观察外界的事物，还可以减少偏头发生的概率。

宝宝的枕头如何选？

　　枕芯质地应柔软、轻便、透气，吸湿性好。枕套可选用半新的棉布制作，并经常换洗。宝宝的枕头的高度要按年龄来调整。枕头的长度与宝宝的肩同宽最合适。

宝宝的鼻梁捏捏就能变挺？

刚出生2周的牛牛，鼻梁遗传了他爸，扁扁平平的，不好看。老人们说，小的时候塌鼻子没关系，平时多捏捏就能变挺。宝宝的鼻梁真的捏捏就能变挺吗？

真 相

捏鼻梁不仅不能使宝宝的鼻子变得高耸好看，而且还不利于他们的健康

指导专家：张思莱
（新浪母婴研究院金牌专家、儿科专家）

新生儿出生后鼻梁低、因鼻骨软而易弯，个别的宝宝还可见歪斜，但随着发育以后不会留有畸形。有些父母或老人见宝宝鼻子长得扁，便常用手捏宝宝的鼻梁，其实这么做是不对的。

因为婴幼儿的鼻骨软、鼻腔黏膜娇嫩、血管丰富，外力作用会引起损伤或出血，甚至并发感染。同时，婴幼儿的咽鼓管较粗、短、直，位置比成人低，当鼻腔感染时，捏鼻梁会使鼻腔中的分泌物通过咽鼓管进入中耳，引起中耳炎，严重者还会继发脑炎。

道听途说

学步车能帮助孩子学走路吗？

小宝过半岁时，姥爷送了他一辆学步车，有事没事的，我们就把他放车里，让他学习走路。嘿！感觉还挺好用的，宝宝能自己走路了，大人们也不用每时每刻跟在他后面，一举两得啊！

一个朋友来家里做客，看见我们放在墙角的学步车，一本正经地说："学步车不能帮助孩子学习走路，反而会引起发育异常。"姥爷一听，不乐意了，虽然当面没说，但事后和我们嘀咕："学步车，顾名思义，就是教孩子走路的，小区里很多人都用，我没看出什么不好的地方。"

学步车究竟能不能帮助孩子学习走路呢？

真 相

学步车不是一个很好的工具

指导专家：张思莱
（新浪母婴研究院金牌专家、儿科专家）

不建议孩子在没有学会"爬"之前给孩子用学步车。由于它容易导致孩子从楼梯上摔下来并使头部受伤，美国儿科学会也不推荐使用婴儿学步车。学步车不能帮助孩子学习走路，相反，它还会耽误孩子的正常动作发育。

宝宝的运动发育有一定的规律性：6 个月左右会坐，之后是爬行，最后才是站立和行走。

7—9 个月是孩子爬行的发育关键期。这个阶段家长应该训练孩子学习爬行，而不是过早地让他们去学习走路。如果家长过早地给孩子使用学步车，就容易忽视了这个阶段，或者因为孩子站在学步车上的视野比爬行的视野更广阔，他们便不愿意再练习爬行了。爬行是孩子脱离看护人走向独立的一个重要的人生里程碑。爬行使他们能通过独立主动地移动身体来满足自己的好奇心。通过爬行的锻炼，宝宝腿部力量得到加强，平衡能力获得提高，这些都为他们独立行走打下坚实基础，所以等宝宝能爬行了，想站立了，就是学走路的最佳时机。

除此之外，由于爬行需要抬头，这样反复刺激孩子前庭的发育，使得孩子的空间认识、空间判断能力提高，为长大后的阅读能力的提高打下基础。

缺乏爬行阶段的孩子，长大后容易出现好动、注意力很难集中、手眼协调差、阅读能力差、空间距离判断有问题、经常跳跃式阅读等问题，也不容易和小朋友处好关系。这样的孩子虽然智力发育没有问题，但有可能学习成绩上不去。

10—12 个月是孩子练习站立和行走发育的关键期，如果过早在学步车里站立，容易引起下肢弯曲，或者双脚呈"内八字""外八字""马蹄足"。另外，孩子在学步车里，由于有框圈的支撑，他不需要练习平衡，前庭也没有得到刺激，这样的孩子一旦离开学步车，就会站不稳。

"把尿"要趁早？

"你小时候都是这么带大的，哪能给孩子包着纸尿裤到处走！"很多老人都认为宝宝"把尿"要趁早，这么做真的对吗？

真 相

宝宝的排便是一种生理能力，需要自然的发展阶段和过程

指导专家：张思莱
（新浪母婴研究院金牌专家、儿科专家）

在中国，为什么会有早早给宝宝把尿的习惯？有长期生活习惯的原因，也有以前中国家庭经济承受力的原因。

西方儿科医学界主流观点是：宝宝2岁，再开始大小便训练比较好。美国医生一般认为，孩子在2岁6个月以前膀胱还没有完全发育好，这个时候强迫把尿是有悖于生长发育规律的。1岁左右的孩子经过把尿的训练，在每隔特定的时间尿尿只是一种条件反射，不是孩子的膀胱真正在起控制作用。美国托儿所在孩子2岁6个月时才开始如厕训练。

日本保育员也是在孩子2岁以后训练孩子如厕，在午睡前后让孩子坐尿盆。保育员认为强制孩子如厕会让孩子紧张，导致以后的心理隐患。

澳大利亚的妈妈认为自由大小便是婴儿成长阶段，也是只有这一阶段才拥有的一种人生快乐，实在不该剥夺。她们认为孩子被把着解便的姿势违反"自然"，看上去很痛苦。

在谈宝宝把尿的问题之前，我们先了解一下正常人排尿的过程：人体内，当肾脏形成的尿液经过输尿管运送到膀胱后，膀胱要储存一定的尿量才能引起反射性排尿。当尿液的压力刺激位于膀胱壁的牵张感受器时，牵张感受器会发出排尿信号，并经周围神经系统传导至大脑皮层排尿反射高级中枢，产生尿意。该指令到达膀胱，膀胱逼尿肌瘦身，引起尿道括约肌松弛，从而将尿液排出体外。

在排尿时，腹肌和膈肌强烈收缩，能产生较高的腹内压，协助克服排尿的阻力，直到尿液排泄完为止。但是，婴儿泌尿系统发育不成熟，膀胱黏膜柔嫩，肌肉层和弹力纤维发育不良，埋于膀胱黏膜下的输尿管短而直，抗尿液反流能力差，易发生膀胱输尿管反流。

膀胱排尿是受大脑和脊髓控制的，出生后最初数月的排尿纯属反射性的，并不受大脑和脊髓的控制。家长频繁把尿，尤其是夜间频繁把尿，不但会引起宝宝的反抗，而且也不利于膀胱储存尿液和排尿反射的建立。夜间频繁把尿还会影响宝宝的睡眠，不利于宝宝进入深睡眠的状态。1岁以后随着年龄的增长，输尿管增长，肌肉发育成熟，抗反流机制逐渐增强，在正常的教养下，宝宝是可以逐渐养成主动控制排尿的能力的。

结论

因此，把尿并不好。强迫性地给宝宝把尿，给他们的只是一种条件反射，而不是他们的生理能力发育到可以控制的阶段。

宝宝眼屎多就是上火？

很多妈妈说，宝宝眼屎多，就是有火，应该买一些泻火的药给孩子吃。

真 相

单凭眼屎多不能判断孩子上火，家长不要随便自行处理

指导专家：张思莱
（新浪母婴研究院金牌专家、儿科专家）

有的宝宝眼屎多，或者便秘，或者口气酸臭，妈妈就认为是上火了。上火是民间的一种通俗说法。目前很多商家抓住这些妈妈的心理，大肆推销自己的产品是败火的、是吃了不上火的奶粉等等。一些妈妈被误导，于是慷慨地打开自己的钱包买来给宝宝食用。宝宝成了败火的实验品，乐坏了商家，苦了孩子。

其实中医是不会这样简单下结论的，他们认为：人体是一个有机整体，不能仅凭个别症状就认为孩子有火。火是六淫之一，其症状主要表

现为：高热、多汗、面红耳赤、唇焦、喜食冷饮、大便秘结、小便短赤、舌质红、舌苔黄腻。即使有火也要通过脏腑辨证分清是心火、胃火、肺火还是肝火，还要更加具体分清是实火还是虚火。这样才是准确的诊治。

现代医学认为，造成婴儿眼屎多的原因有三种：

1. 先天性的鼻泪管堵塞：鼻泪管在鼻腔的下端出口被上皮细胞残渣堵塞或鼻泪管黏膜闭塞；或者因管道发育不全而形成皱褶、瓣膜或黏膜憩室，使得泪液和泪道内的分泌物积滞在泪囊而引起泪囊炎。

2. 急性泪囊炎：由于不洁护理，造成细菌入侵到泪囊，并且不断在泪囊中繁殖、化脓，以及脓液充满了整个泪囊无法排泄，于是沿着泪囊、泪小管从眼睛排出。

3. 感染性结膜炎：因为眼结膜含有丰富的神经血管对各种刺激反应敏感，又因为与外界直接接触易受感染。细菌、病毒、衣原体、真菌等都是引起感染性结膜炎的病原体。感染的途径主要是通过产程中被患病母亲产道感染，在护理过程中由于不注意消毒隔离，通过洗脸用具、毛巾以及看护人的手接触感染。其中严重者可发生角膜溃疡及穿孔，导致失明。

有些婴儿出生后即见眼屎增多，严重者眼屎甚至将眼皮粘连住，导致婴儿眼睑睁不开而哭闹不休。也有的宝宝虽然出生时一切都很正常，但是回到家里由于妈妈或看护人不注意个人和环境的清洁卫生，宝宝的用品消毒又不彻底，护理宝宝前又不注意洗手，因此很容易造成宝宝眼部感染。遇到这种情况，不少家长不去医院看病，而是认为宝宝上火或者热气大。如果宝宝吃的是母乳，就认为是妈妈吃了上火的食品导致宝宝眼屎多；如果宝宝是人工喂养的，就将上火的罪名都归结到配方奶上。于是开始大量给宝宝或妈妈吃清热泻火的药或凉茶，马上停掉现吃的配方奶粉，转换为其他品牌奶粉。经过以上处理不但不见效，宝宝的眼屎一天比一天多，甚至发展为脓性分泌物。

清热泻火的药物或凉茶中多是寒凉的药物，脾胃虚寒的人喝了，不仅不会消火，而且很容易伤及妈妈或婴幼儿的脾胃，导致脾胃功能失调，便秘或者是腹泻。而且乱用寒凉药物还有可能伤害婴幼儿阳气，虽然当时可能无明显的不适，但长期服用势必对身体造成损害。有的妈妈偏听偏信，频繁地更换奶粉导致孩子胃肠不适应，消化功能出现紊乱而腹泻不止。一些妈妈还糊里糊涂地认为：这是泻火呢！直到孩子日渐消瘦才去医院看病。由于长期得不到正确的治疗很可能发展成慢性泪囊炎或者并发角膜感染，对宝宝的眼睛发育造成严重的影响。

家长如果发现宝宝眼屎增多，有可能是感染引起的眼部疾病，千万不要认为是上火而自行处理，一定要去医院确诊治疗，以免贻误病情。

张嘴睡觉会让孩子变丑，是真的吗？

　　孩子睡觉总张嘴呼吸，看到一则消息说，时间久了，孩子可能长成龅牙。张嘴呼吸真的会让孩子变丑吗？

真　　相

长期张嘴睡觉，不仅会让孩子越来越丑，还会让孩子越来越笨……

指导专家：王娅婷
（四川大学华西口腔医院儿童口腔科讲师）

　　针对这一问题，我们首先要搞清楚孩子为什么会张嘴。7岁之前，有的孩子的唇肌力量不足，有轻微的张嘴，这是正常现象，一些简单加强唇肌力量的训练即可改善。但如果是鼻炎引发的鼻塞，或者是腺样体肿大引起的通气不足，那孩子自然需要张嘴辅助通气。用嘴巴呼吸，氧气吸入量不够，睡眠质量差，严重时可出现睡眠呼吸暂停。白天就容易打瞌睡，注意力不集中，注意力以及记忆力都会受到影响。这就是长期张嘴睡觉可能会让孩子越来越笨的原因了。

　　那变丑是怎么回事呢？大家可以自我感受一下，张嘴时，下颌会略往后缩。长期张嘴呼吸，肌肉牵拉下颌向后，造成下颌骨发育不足。下颌骨发育不足有什么严重后果呢？举个例子，有一种手术叫作"颏成形术"，就是改善下颌发育不良，让面部轮廓更加立体的整形手术。如果下颌后缩真的太明显，成年后可能真的要和整形医生做朋友了。另外，长期张嘴呼吸，会造成口腔干燥、上唇短厚翘起、牙龈因为长期开口干燥而色素沉着。口周肌群失去平衡，造成牙弓狭窄，牙齿排列不整齐、上切牙突出形成龅牙等连锁反应。怎么想象都不是一幅美好的画面。

那么，怎样防止孩子在失去颜值和智商的路上越走越远？在孩子看电视、看书、发呆等放松状态下，家长应该观察孩子是不是一直用嘴巴呼吸。还有一点，如果孩子晚上睡不安稳，鼾声嘹亮，也是危险的警报。一旦发现这类情况，一定要带孩子去耳鼻喉科就诊，查明张嘴呼吸的原因，再针对这个原因进行相关治疗。当治疗完成后，再到口腔医生处针对孩子张嘴呼吸的习惯进行纠正。只有当这两项都矫正完毕后，方可进行面部矫正。

当然，偶尔睡觉时张嘴，也有可能在做美梦。

宝宝打呼噜睡觉更香，根本不用理会？

无论是深夜入眠还是午间小憩，看着宝宝沉睡在梦乡里总是一件幸福的事。听到宝宝呼呼呼地打呼噜，家长总会笑着想：看孩子睡得多香。可打呼噜真是睡得香的表现吗？

真　相

打呼噜被认为是睡眠障碍的一种，
不一定是件好事情

指导专家：张思莱
（新浪母婴研究院金牌专家、儿科专家）

首先我来解释下为什么宝宝会打鼾。

人在睡觉时主要是靠鼻子呼吸，当鼻咽部通气的径路受到阻塞时就会出现打呼噜的现象，也称为打鼾。小孩打鼾和成人不同，成人打鼾与咽肌松弛、肥胖有关，而宝宝打鼾往往是由于腺样体肥大、扁桃体肥大影响鼻咽部通气造成的。而且白天非睡眠情况下有些宝宝也有鼻塞、张口呼吸的现象。

宝宝呼吸时，气流要通过口、鼻、咽喉等部位进入气管，中间过

程中哪一个地方气流不通畅，都可能发出声响。躺着的时候，咽喉部和舌后空间会比坐着或站着时狭窄。入睡后，肌肉的张力会进一步降低，这个空间就更加狭窄了。这时候，容易因为气流受阻，而产生呼噜声。

如果鼾声轻微，均匀一致，没有呼吸暂停，不影响睡眠质量，一般不构成健康危害。但有的孩子却是因为鼻腔、口、咽喉等处存在结构或者功能异常——比如鼻中隔偏曲、鼻甲肥大、腺样体肥大等——而造成打鼾，常会引发孩子睡眠呼吸紊乱，这就需要家长们格外注意了。

临床上，扁桃体和腺样体严重肥大，是引发儿童睡眠呼吸紊乱的主要原因。另外，60%的肥胖儿童因为舌头、气道里的脂肪细胞同样增大，都会存在不同程度的睡眠呼吸障碍。如果发现孩子习惯性张嘴呼吸，就要小心孩子可能患有儿童阻塞性睡眠呼吸暂停低通气综合征(QSAHS)。

比起单纯性打鼾，QSAHS 更需要引起家长们的重视。除了打鼾严重，QSAHS 还会表现为夜间睡眠活动增多，白天张嘴呼吸，口干，同时有可能伴有语言缺陷、易激怒、食欲减退、吞咽困难和全身乏力。

如果 QSAHS 没有得到及时治疗，会带来以下几个方面的问题：一是长期缺氧会使全身血管阻力增高，易引起心血管方面的疾病；二是由于睡眠质量受到影响，夜间生长激素分泌发生紊乱，影响儿童生长发育；三是因为大脑缺氧，儿童的学习、神经认知能力也可能出现缺陷；四是难治性哮喘也是 QSAHS 的并发症之一。

如果 QSAHS 较轻，家长可以采取调整睡姿的方法，让孩子睡眠时用侧卧位和俯卧位，减轻呼吸阻力。如果 QSAHS 较重，宝宝每天晚上都有打呼噜的现象，或者习惯性张嘴呼吸，则应立即到医院就诊。如果是因为腺样体肥大和扁桃体肥大，就要切除或做其他手术。具体治疗由接诊医生定夺。

道听途说

宝宝爱出汗就是缺锌？

　　要是小孩子经常出汗，出汗很多的话，就得多补充些锌。这是真的吗？

真　相

出汗并不是判断宝宝缺锌的依据，家长不要随意补充微量元素

指导专家：张思莱

（新浪母婴研究院金牌专家、儿科专家）

　　通常，宝宝多汗都是正常的，医学上称之为生理性多汗，如夏季气候炎热而致宝宝多汗；宝宝刚入睡时头颈部出汗多，熟睡后汗就减少；宝宝游戏、跑跳后，甚至吃饭或吃奶时也会出汗多；冬天宝宝衣服穿得过多，晚上被子盖得太厚，加上室内温度高，使得宝宝过热而出汗多等。

　　宝宝脑神经发育不完善，处于快速发育时期，机体代谢旺盛，需要通过出汗蒸发掉体内的热量以维持正常的体温，有的宝宝出汗仅限于头部、额部，俗称"蒸笼头"，这也属于生理性出汗，妈妈们不必过分担心。

缺锌的孩子最明显的表现是不爱吃饭，身高、身体发育滞后，智力方面也会多多少少受到影响，所以不能看到孩子头上出汗就认为孩子缺锌，胡乱补充微量元素是大错特错的做法。

锌是一种微量元素，在人体中含量很少，但是它的作用可不小，而且十分重要。锌是许多金属酶的重要成分和酶的激活剂，是核酸代谢和蛋白质合成过程中重要的辅酶。锌与蛋白质结合可促进生长发育，对性腺发育和成熟也有促进作用。锌还可以促进细胞免疫。

锌缺乏可造成生长发育停滞、性成熟推迟、嗅觉减退，出现厌食或异食癖、伤口愈合慢、易感染，孕妇早期缺锌还可造成畸胎。有的妈妈相信一些广告宣传，把一些锌剂作为保健品给孩子吃，岂不知过量补充锌剂会造成孩子锌中毒或者导致孩子性早熟。

6个月内的婴儿从母乳中可以获得锌2.22毫克。配方奶每100毫升含锌0.6毫克，鲜牛奶每100毫升含锌1毫克，再加上辅食中含有的锌，例如小麦胚粉、海产品、动物内脏、红肉等，孩子一般是不会缺锌的。给孩子盲目补锌很容易过量，尤其是柠檬酸锌含锌量高于硫酸锌和葡萄糖酸锌，1—4岁儿童可耐受的最高量每天才8毫克，4—7岁儿童每天可耐受的最高量才12毫克，过量补锌很容易引起锌中毒。

锌中毒可以造成孩子呕吐、头痛、腹泻、抽搐等。另外，人体在高锌的情况下，可以抑制吞噬细胞的活性，降低抵抗疾病的能力，尤其孩子如果患有低血钙或佝偻病，还会导致免疫力的损害。同时，锌还影响了铁的吸收，容易造成孩子缺铁性贫血，从而导致孩子情绪低落、萎靡不振、注意力不集中，严重影响了孩子认知水平的提高。由于人体内二价元素是互相依赖和制约的，因此高锌也会影响钙和镁的代谢。目前已经有报道，过量、盲目地补锌，会造成性器官和性腺的发育，引起孩子性早熟。

　　只要营养均衡，膳食搭配合理，一般孩子是不会缺乏微量元素的。平常应该让孩子吃多样化食品，粗细、荤素搭配，这样就能够保证孩子对锌的需求。

道听途说

夏季穿纸尿裤容易长痱子、得尿布疹？

夏季天气炎热，听说这个季节给宝宝用纸尿裤容易长痱子，还容易得尿布疹。第一次做妈妈，经验不足，不知道这种说法是真是假。

真  相

正确地选择和使用纸尿裤是不会长痱子、得尿布疹的

指导专家：刘晓雁
（首都儿科研究所皮肤科主任、主任医师）

夏季穿纸尿裤容易长痱子这种说法不正确。

宝宝长痱子是因为温度高、出汗多、湿度大、汗排不出去，使得汗液把汗管撑破裂了，刺激毛囊周围的皮肤引起的表现。往往都是室内生活环境中温度太高，没有正确使用空调引起的。纸尿裤是一种高科技产物，它对孩子的皮肤有很好的保护作用，不但能把尿吸走，而且能把汗吸走。在炎热的夏季，给宝宝使用透气性好、适合孩子的纸尿裤，反而能降低宝宝长痱子的概率。

而尿布疹，是指尿布区域的湿疹，湿疹是皮肤的过敏反应，很多人觉得尿布疹就是由尿布引起的，这其实是一个误区。

孩子得了尿布疹，更多是因为纸尿裤更换不及时，粪便刺激孩子的皮肤所致。因为粪便中有肠液，尤其是腹泻的孩子，他们的粪便中会有消化酶，消化酶对皮肤的刺激比较强。所以经常会发现，尿布疹在外阴部的前边很少，后边很多，因为大多都是粪便引起的。少量的尿液不会引起尿布疹，但如果长时间不更换纸尿裤，导致尿量超过了纸尿裤的容量，溢出来了，也会引发尿布疹。

结论

宝宝的纸尿裤一定要勤换，正确地选择和使用纸尿裤是不会得尿布疹的。

给宝宝吹空调容易惹得一身病？

夏天来了，天气太热了，老公准备给孩子的房间装上空调。吃晚饭时，我们一家聊起这个事情，婆婆极力反对。"这1岁左右的孩子不能吹空调，容易惹得一身病。""可是天气太热了，你看这满身的痱子！"老公心疼地说。"小孩子长痱子是必然的，开窗通风少穿点，多用温水洗洗澡就好了，你们小时候不也长嘛，长大后自然而然就不长了。可是吹空调受凉惹得一身病，一辈子都好不了！"婆婆语重心长地说。

真 相

孩子在吹空调后身体不适，是因为使用空调的方法不正确

指导专家：刘晓雁

（首都儿科研究所皮肤科主任、主任医师）

夏季孩子长痱子，很多时候是因为生活环境温度太高引起的。说到痱子，不得不说的就是夏季室内的温度调节。夏季孩子不能吹空调是一

个很大的认识误区。空调能够很好地改善孩子的生活环境，夏季使用空调降温，就像冬季使用暖气取暖一样，都是为了使人们的生活环境变得舒服。

孩子在吹空调后出现受凉等身体不适，是因为使用空调的方法不正确。

夏季孩子室内生活环境的温度，白天应该在 24℃—26℃，夜间应该在 26℃—27℃。由于空调的功率有大小，房间有大小，空调上恒定的温度数字显示不一定跟实际的室温相符，所以建议以室内温度计的显示为准。在使用空调期间，要通过衣物的增减来保证孩子不受凉，不过热。

孩子出生后，他的汗腺数量是一定的，和成人一样。不同的是，因为处于生长发育期的孩子代谢率比较高，体表面积又小得多，所以他们每个单位面积散热的量会比大人大得多，体温调节能力差，冬天怕冷，夏天怕热。因此成人一定要考虑到孩子皮肤和体温调节的特点，给孩子一个舒适的环境。

夏季正确使用空调不仅不会惹得一身病，反而是预防和护理痱子的一种有效方法。以前护理痱子的方法很复杂：要通风、要干燥、要用痱子粉……但是现在时代变了，只要用好空调，改善孩子的生活环境，就可以很好地解决这个问题，温度一降下来了，痱子就会消失。

道听途说

蚊子偏爱 O 型血的宝宝？

夏天到了，晚上带 3 岁的娃出去遛一圈回来，头上、胳膊上、腿上……都是蚊子送的"大红包"啊！

奶奶心疼地抱着宝宝，一边给他皮肤上涂牙膏，一边唠叨："哎哟喂，我这可怜的大孙子哟，怎么就生了个 O 型血呀！都说蚊子爱咬 O 型血的人，可不嘛，看这大包小包的，下次出门前记得多往身上涂点维生素 B₁ 水溶液，这样可以防蚊啊……"

"蚊子叮人挑血型，最爱咬 O 型血的人。"这种说法我听过好多次，不知道是真是假。

真 相

蚊子其实喜欢"有味道"的人

指导专家：张思莱

（新浪母婴研究院金牌专家、儿科专家）

"蚊子偏爱 O 型血的人"这种说法没有科学依据。蚊子其实更喜欢"有味道"的人。

蚊子对体香和气味比较敏感，所以如果身上汗味比较浓，或者用过气味比较浓的洗浴用品、香水……都容易招来蚊子。

那么该怎样防蚊呢？

1. 孩子外出时建议穿上长袖衣服和长裤，婴儿车上挂上蚊帐。

2. 不要带孩子去有蚊虫滋生的地方，例如死水潭和宠物窝附近。

3. 带孩子外出，尽量不要选择清晨和傍晚的时候，因为这段时间正是蚊虫叮咬最疯狂的时候。

4. 居室内防蚊最好的办法是使用蚊帐。

大多数驱蚊产品对 2 个月以内的孩子是不适用的。许多驱蚊液和驱蚊花露水中都含有避蚊胺，其浓度有 10%—30% 不等，有些甚至超过了 30%。2 个月以上的孩子，如果一定要使用这类驱蚊产品，应该选择避蚊胺浓度比较低的。使用时要注意不要涂抹在伤口和黏膜上、嘴巴和眼睛附近，最好涂抹在孩子的耳朵附近。含有避蚊胺的驱蚊产品一天只能使用一次，频繁使用避蚊胺有可能引起毒性反应，同时记住回家后一定要用肥皂和清水清洗干净。此类产品要放到孩子够不到的地方，以免发生意外。

5. 至于一些家长认为维生素 B_1 水溶液可以防蚊，没有科学证据说明有效。

被蚊虫咬了如何护理?

　　蚊虫叮咬时会释放出毒素,如蚊酸,孩子的皮肤比较娇嫩,很容易在被叮咬的部位出现丘疹,甚至有的孩子会出现水疱,医学上叫作"丘疹性荨麻疹"。如果是过敏体质的孩子,还有可能在远离叮咬的部位出现皮疹,引起孩子奇痒而抓挠,甚至抓破皮肤。正确的护理方法如下:

　　1. 可以使用碱性肥皂清洗局部,防止红肿。

　　2. 已经红肿的部位可以采用冷敷:可以使用冷水或者冰块(记住外面要包裹毛巾),以阻止炎性扩散。

　　3. 可以外用炉甘石洗剂、薄荷膏止痒,也可以用无极膏、艾洛松、皮炎平等软膏止痒、抗过敏。一天可以涂抹多次,每次涂抹后可以揉一会儿让皮肤吸收,不要抓,以免感染。

　　4. 可以服用盐酸西替利嗪片(仙特明),严重过敏的孩子可以短期服用泼尼松。

　　5. 不建议使用牙膏止痒,尤其对有皮肤破损的地方更要慎用。

　　6. 如果皮肤已有损伤,不要使用含有酒精成分的驱蚊花露水,不但会刺激孩子的皮肤,而且孩子会感觉很痛,不利于伤口愈合。

　　7. 将孩子的指甲剪短,保持洁净,降低叮咬部位感染的风险。

孩子 1 岁以内牙还没长全，还要给孩子刷牙吗？

看到宝宝刚长出新牙，很多妈妈都很兴奋。刷牙是保护孩子牙齿的最佳方法，可是宝宝的牙齿还没有长好长全，这样给他刷牙好吗？

真相

爱护牙齿，请从第一颗乳牙开始

指导专家：王娅婷
（四川大学华西口腔医院儿童口腔科讲师）

孩子有多少颗乳牙，什么时候会全部在口腔萌出？除了专业的口腔医生，恐怕只有极度关注孩子口腔健康的家长，才能回答这两个问题。孩子一共有 20 颗乳牙，牙齿全部萌出的时间是在 3 岁左右。因此，3 岁之前牙齿都是没有长全的，然而，给孩子刷牙的时间，应该是第一颗牙齿长出来的时候。当然这个动作不一定是刷，准确来讲应该是清洁。

为什么要给孩子刷牙呢？因为不刷牙的话，牙齿极有可能会龋坏。龋坏的牙齿，就是通常说的蛀牙，在牙齿里发展得特别迅速，一不留神，就烂到牙髓了。那会怎样呢？孩子会痛，吃不下饭，大哭。然后就去看牙医，牙医说要补牙，要钻牙，小孩子听了又大哭，不配合治疗，家长也非常头大。其实解决方法非常简单，就是防患于未然，把牙齿清洁好，会解决很多烦恼。

有人可能又要追问了，为什么不清洁牙齿就会生蛀牙呢？这就要讲到机制问题了。简单说来，就是口腔是一个有菌的环境，牙齿上，舌头上，哪里都有细菌活跃的身影。正常饮食和清洁情况下，细菌和人类是和谐幸福的一家。当这种和谐被打破了，比如吃了许多糖，喝了很多碳酸饮料，又不刷牙，细菌非常开心，并且使劲产酸以表喜悦。牙齿是很硬的，但是就怕酸。一遇到酸，就开始脱钙，整个过程如果不加控制，牙齿就慢慢烂下去咯。这是比较通俗易懂的解释，有兴趣深究的家长可以阅读诸如《龋病学》的鸿篇巨制。

然后我们就要说怎样刷牙啦。长出第一颗牙齿就刷，可以用清洁的棉纱裹在手指上给宝宝清洁牙齿，也可以买指套牙刷。当宝宝牙齿长多一点，比较配合的时候，可以买软毛的婴幼儿牙刷。可以用牙膏，一点点就行，含氟的也没有毒，注意用量。牙齿相邻的地方，牙刷很难清洁到，这个时候强烈推荐牙线或者牙线棒，作为辅助工具清洁宝宝的牙齿。

最后，必须要提醒各位家长：不管是乳牙还是恒牙，都要好好地清洁。虽然乳牙终要替换，但它对于恒牙的健康、整齐地排列都有非常重要的影响。所以爱护牙齿，请从第一颗乳牙开始。

宝宝噎住了应该马上喂水？

宝宝噎住了，喂点水，把异物冲下去就好了。

真　相

为了安全起见，建议最好不要立马喂水，避免加剧不适，给宝宝带来危险

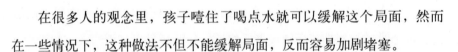

指导专家：张思莱

（新浪母婴研究院金牌专家、儿科专家）

在很多人的观念里，孩子噎住了喝点水就可以缓解这个局面，然而在一些情况下，这种做法不但不能缓解局面，反而容易加剧堵塞。

如果食物只是堵在食道里，堵塞感不强，情况不严重，气道也还是通畅的，喝水能帮助食物进入胃部，这时候喝水会有效。若食物不是卡在食道里，而是停留在喉口气道前段，或者干脆就滑入了气道中，在我们的感觉中，这也是噎住了。感受似乎也差不多，都是呼吸不畅，但这两种情况，喝水是完全没作用的，甚至会适得其反。

此外，还得注意噎住的是什么食物。2015年，一个3岁男童吃馒头

噎住，母亲不停喂水结果致其死亡。吃干馒头噎住了，喂水后馒头会发胀，没咽下去的话，就会在喉咙处堵住，反而更危险。还有些时候异物卡住声门，不仅很难用水送服，相反，水会堵住声门余下的空隙，加重孩子的窒息症状。

宝宝噎住时怎么做？

如果宝宝噎住了还能够呼吸、说话或哭出声来，且张开嘴能看见异物的话，可以使用筷子或者小钩子将异物取出来。如果宝宝呛咳，鼓励他用力咳嗽，通过咳嗽将异物咳出。如果看不见异物，家长要及时带宝宝去医院就诊，请医生帮忙取出。家长千万不要自行用手去掏，防止异物进到更深处。

如果宝宝面色青紫，不能呼吸，哭不出来，甚至昏迷、丧失意识，家长在拨打急救电话120的同时应立刻采用海姆立克抢救法，争分夺秒不能耽搁，争夺抢救生命的关键4分钟。如果超过这段时间，即使抢救得过来，也会因为长时间脑缺氧，致使孩子发生永久性痴呆。

海姆立克抢救法

●1岁内的宝宝发生气管异物的紧急处理：家长立刻提起宝宝双脚，让孩子头朝下且身体悬空，用手拍孩子的后背，借助咳嗽将异物从喉部和气管中排出。或者用一只手托着宝宝的下颌，让孩子趴在大人的腿上，咽部的位置低于身体的其他部位，否则异物会更加深入，反而更加危险。然后用另一只手掌根部用力迅速连续拍打孩子的后背（在肩胛骨区）5次。如果不奏效，将宝宝的身体翻过来脸朝上，用食指和中指在两乳头中点用力叩击5次。两种方法反复交替进行，直至将异物排出。

●1岁以上的宝宝发生气管异物的紧急处理：大人用手臂从宝宝后面环抱着他，一只手握成拳，用拇指关节突出点顶在宝宝剑突和肚脐之间，另一只手握在已经握成拳的手上，连续快速向上、向后推压冲击6—10次。如果不见效，隔几秒钟重复一次。这种做法使气道压力瞬间迅速增大，迫使肺内空气排出，使阻塞气管的食物（或其他异物）上移并被排出。

容易堵塞气管的十类东西

    1. 果冻：小孩吞食果冻容易发生意外，如果实在太馋，请先将果冻弄碎。

    2. 麻花、糖果：容易噎住，真的想吃，请先切成丁状。

    3. 鱿鱼丝、牛肉干：纤维太长，韧性强，又硬。

    4. 花生酱：黏稠度过高，不适合小孩吞食。

    5. 坚果类：体积小，有时小孩来不及咀嚼就吞下，容易噎住。

    6. 樱桃、龙眼、葡萄等：里面的核容易噎人，建议去核再吃。

    7. 芹菜、豆芽：纤维丰富，不好咀嚼。

    8. 大肉块：不容易咬烂，强吞容易噎到。

    9. 长面：太长不容易吞食，建议弄断再吃。

    10. 多刺的鱼：鱼刺容易被卡在喉咙。

道听途说

"亲孩子一口，孩子就丧命"是危言
耸听吗？

"亲孩子一口，孩子就丧命？"怎么可能？

真 相

这是曾经发生过的真实案例，
家长要注意不要让外人随意乱亲新生儿

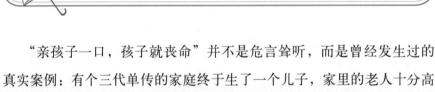

指导专家：张思莱
（新浪母婴研究院金牌专家、儿科专家）

　　"亲孩子一口，孩子就丧命"并不是危言耸听，而是曾经发生过的真实案例：有个三代单传的家庭终于生了一个儿子，家里的老人十分高兴，为了表达自己的喜悦心情，家里的爷爷每天都要抱着孩子亲个不停，万万没想到，竟然就这么把孩子"亲"进了医院，孩子在医院因为治疗无效而夭折，全家人悲痛不已。好端端的孩子为什么会死亡呢？究其原因，是金黄色葡萄球菌感染使得孩子得了败血症后死亡。爷爷的下巴上长了一个小小的脓包，在亲吻孩子的时候，把脓包中的病菌传染给孩子，使得孩子不幸染病身亡。

有的农村有种旧习俗，如果新生儿长了马牙，就要拿锅底灰给孩子擦，有的孩子因为这种锅底灰擦马牙的陋习，不幸感染败血症，在救治无效后死亡。

除了金黄色葡萄球菌，单纯疱疹病毒也是导致孩子"亲一口就丧命"的重要元凶，很多家长看到自己嘴巴附近长了个水疱，以为自己上火了，吃点清热解毒的药就好了，实际上很可能是单纯疱疹病毒感染，新生儿免疫机制低下，患病家长亲吻孩子很容易把病毒传染给孩子，引起孩子感染病毒，从而导致死亡。

当然，这并不是说家长不能随意亲吻孩子，而是在亲吻孩子前，家长要保证自己的身体是健康的，家长身体健康，没有传染性疾病，就不会把病毒传染给孩子；其次，家长可以亲吻孩子的脸颊以及孩子身体的其他部分，不一定非要亲吻孩子的嘴巴；如果家长真的非常想和孩子用亲吻表达感情，也可以用"空气"亲吻的方法，做出亲吻的姿势，发出亲吻的声音，但实际上身体并没有接触到孩子，这种做法不仅培养了和孩子的感情，也保障了孩子的健康和安全。

此外，家长要注意不要让外人随意乱亲新生儿，也不能让外人随意触摸孩子。

为了更好地保护孩子，英国特别提出儿童自我保护的安全条例，即《英国儿童十大宣言》，其中就提到了不要轻易让陌生人摸孩子，凡是裤衩、背心掩盖的地方，不能让别人摸。

在日常生活中，父母也要做到孩子"给看不许摸"，孩子也有自己的隐私权，外人摸孩子可能会给孩子心理上带来不适；从健康角度考虑，当家里来了外人想要接触孩子，也建议先把最外层的衣服脱掉，再来接触孩子。

外人从外面回来，很可能身上有"三手烟"。"二手烟"是很多人都熟悉的概念：当身边有人在吸烟的时候，身边人被迫吸入有害烟雾，危害孩子的健康。吸烟过程中会产生大量有害物质，这些有害物质吸附力极强，可以残留在衣服、地毯、家具以及地板里，往往可以留存数天或者数月之久，这就是"三手烟"。"三手烟"的有害物质持续放毒，影响孩子的免疫系统。因此当外人来家里看孩子，家长要让外人脱下外衣，减少孩子受到"三手烟"的不良影响。

让宝宝少吃点糖，是不是就没有虫牙了？

孩子牙齿不好，我担心孩子长虫牙，听人说少吃点糖，孩子就没有虫牙了，这是真的吗？

真 相

虫牙的发生必须满足细菌、宿主、食物、时间四联因素，糖并非引起虫牙的直接因素

指导专家：郑黎薇

（四川大学华西口腔医院儿童口腔科教授）

虫牙即龋病，是在以细菌为主的多种因素影响下，牙体硬组织发生慢性进行性破坏的一种疾病。龋病的危险因素是指可能会发生龋病的潜在因素，也称易感因素或者有害因素，它包括在促使龋病发生的细菌、宿主、食物及时间因素之中，这些因素与一个人是否有可能发生龋病有关，因此，了解龋病危险因素是防龋工作的重要内容。

细菌因素：口腔中公认的致龋菌有变形链球菌、乳酸杆菌及放线菌，这些细菌会通过黏附、产酸和耐酸这些致龋毒性发挥作用，导致龋齿的形成。

宿主因素：牙齿上釉质钙化不完善及菌斑滞留的窝沟点隙、任何造成唾液分泌障碍的原因及现代人饮食的丰富和细化，都是龋病发生的易感条件。

食物因素：致龋食物主要指碳水化合物类食物，滞留在口腔内，容易被致病菌代谢产酸，主要有蔗糖，其次为葡萄糖、淀粉等糖类食物。糖的过量和频繁摄入，在口腔内滞留，助长了参与产酸菌的增殖，打破了口腔内微生态环境的平衡，pH 值下降，增加龋病的易感性。

另外，宝宝在睡前经常加饮含糖牛奶及其他营养品，且进食后不进行口腔清洁，因夜间睡眠时间咀嚼活动停止，唾液分泌及口腔自洁能力降低，更利于口腔微生物的大量繁殖，产生致龋毒性。

时间因素：龋病的发生有一个较长的过程，从初期龋到临床形成龋洞一般需 1.5—2 年。只有当细菌、宿主、食物同时存在相当长的时间才可能龋坏。

综合上述各种危险因素可以看出，虫牙的发生，是口腔内滞留于牙面菌斑内的嗜糖致龋菌利用碳水化合物连续代谢而产生酸，促使牙齿脱钙，造成牙体硬组织的腐蚀性损害，因此虫牙的发生必须满足细菌、宿主、食物、时间四联因素，而我们所说的"吃糖"，只是满足了其中的一个因素即食物，且"糖"并非是引起虫牙的直接因素，所有含碳水化合物类的食物，均能引起虫牙，阻断其中任意一个因素，虫牙都不会发生。在日常生活中，"糖"的来源并不只有所谓的糖，面包、水果等日常食品都会为细菌代谢提供底物，导致虫牙的形成，因此，除了少吃糖外，还应注意宝宝的口腔卫生，才能预防虫牙的形成。

3 岁以内孩子哭了，不抱比抱要更好？

孩子哭了到底要不要抱，是很多家长争论的问题。有些家长认为孩子一哭就抱不利于孩子坚强品格的形成，容易让孩子过度依赖家长，在长大后一事无成；有些家长认为孩子哭了不抱不利于孩子依恋关系的建立。

真　相

分析孩子哭泣的原因，具体问题具体分析

指导专家：张思莱

（新浪母婴研究院金牌专家、儿科专家）

对于不会说话的婴儿来说，哭是宝宝与外界交流的一种方法，宝宝不开心会哭，饿了会哭，冷了会哭，身体不舒服也会哭。当宝宝哭了，家长的正确做法应该是：分析孩子哭泣的原因，具体问题具体分析，再决定要不要抱孩子。

孩子哭的原因有很多，大致分为以下三种。第一，非疾病性哭泣。宝宝的语言能力尚未发展完全，"哭"是宝宝与大人沟通的语言，宝宝肚子饿了会哭，宝宝口渴会哭，当父母没有及时为宝宝清理尿不湿，宝宝

也会哭。非疾病性哭泣的宝宝往往身体健康，"哭"是宝宝需要大人帮助的一种信号，在大人帮助宝宝解决问题后，就不会再哭泣了。第二，疾病性哭泣。这种宝宝往往处在身体的痛苦中，这时候宝宝的哭声往往不同于平常，声音嘶哑或尖厉，而且宝宝面色苍白，精神较差，这种时候家长在安抚宝宝后，要迅速把宝宝送到医院，让医生及时检查宝宝的身体情况。第三，心理性哭泣。宝宝在逐渐长大之后，哭也发生了变化，宝宝发现"哭"可以作为一种手段或者要挟，利用哭可以让家长满足自己的条件，哭成为孩子威胁父母的手段。这时候父母要意识到不可溺爱孩子，孩子哭时，父母可以"冷处理"一段时间，让孩子自我恢复后父母再进行干预。

不同孩子有不同的气质，每个人遇到同样的反应也会有所不同。从个人气质来说，宝宝分为三种类型：①易养型，这种宝宝乐观向上，当情绪出现波动时，家长很容易安慰处理，如果哭泣父母也能轻易安抚。②难养型，这种宝宝脾气暴躁，时常大哭大闹，多用行动表达自己的脾气。面对这种宝宝，当父母确定宝宝哭泣的原因不是受到了伤害，就可以延迟处理或者"冷处理"，给孩子的情绪一个良好的过渡空间，有利于平和宝宝的性格。③缓慢型，缓慢型宝宝虽然不像难养型宝宝一样焦躁易怒，但情绪常常处于低落状态，对于这种孩子，家长应该多多安抚，使孩子变得乐观向上。

结 论

对于婴儿来说，家庭和父母是十分重要的，虽然宝宝不会说话，但是他仍然对家庭的氛围有感知，如果家庭和睦，夫妻关系和谐，全家人相处友好，宝宝也会受到这种熏染，性格稳定而且有安全感。如果家庭关系不睦，夫妻成天打骂吵架，婴儿每天都生活在这种"压抑"的情感下，也会郁郁寡欢，要想孩子有良好的性格，父母一定要为宝宝营造一个良好的家庭环境，宝宝有了安全感，自然哭闹就少了。此外，当宝宝因为得不到而大哭的时候，父母可以不急于给孩子回馈，而是把孩子"晾"一会儿，等到孩子心情平静下来再和孩子讲道理，这样才能起到良好的教育作用。

6 岁前戴太阳镜容易得弱视？

老公出差回来，送给女儿一副太阳镜。女儿喜欢极了，做什么事都想戴着它。周六去爷爷家吃饭，爷爷看见小孙女对太阳镜着迷的样子，发愁地说："我前几天还在微信上看见一篇文章，说 6 岁之前戴太阳镜容易患弱视，这东西不适合小孩子吧！"

"爸，孩子的视网膜发育不成熟，更容易受到紫外线的伤害，太阳镜对他们来说是必需品。"老公急忙解释。

爸爸和爷爷的观点，究竟谁对谁错啊？

真 相

这主要是看戴什么样的太阳镜，以及怎么戴

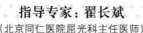

指导专家：翟长斌
(北京同仁医院屈光科主任医师)

戴太阳镜是否会对孩子的眼睛造成伤害，主要是看戴什么样的太阳镜，以及怎么戴。

在适合的场合，比如沙滩、海边等有强光照射的环境中，戴太阳镜

可以降低紫外线对眼睛的伤害。可是如果在室内的日常生活中也长时间佩戴太阳镜的话，孩子的视力发育确实会受到影响。因为视力发育也需要正常的光线刺激，过度保护反而会阻碍其正常发育。

但6岁前戴太阳镜容易得弱视这个说法不准确，还没有科学研究表明孩子患弱视与佩戴太阳镜之间有必然联系。

婴幼儿的视力发展，是一个逐渐发展的过程。最初婴幼儿只能看见眼前模糊的景象，在5—6岁时视力才能发育到1.0。弱视是指婴儿在视觉发育期间，由于近视、远视、斜视、上睑下垂、角膜混浊、先天性白内障等原因，造成视觉细胞的有效刺激不足，从而导致矫正视力低于同龄正常儿童的一种视功能发育滞后状态。

弱视最常见的情况是由高度远视发展而来的。如果父母双方中有高度远视患者，孩子就可能被遗传，成为高度远视眼，他发生弱视的概率可能会高一些，但不是说父母有弱视，孩子必然是弱视。

结论

太阳镜对孩子来说，不是必需品。除非是在很强的光线下，孩子的视力才会有损伤，日常生活中的光线是孩子发育的必要刺激。如果父母担心孩子的眼睛会受到光线的伤害，应该注意不要让孩子直视强光。比如，在户外，尤其中午时，别让孩子盯着太阳看，那样会对视网膜造成灼伤，导致永久性的视力下降。

道听途说

春捂就是衣服穿得越多越好？

老话说："春捂秋冻，不生杂病。"初春乍暖还寒，婆婆担心宝宝受凉，总是里三层外三层地把他裹成个"小粽子"。宝宝运动量大，小区楼下没玩几分钟就小脸通红，头发湿乎乎的。春捂真的是衣服穿得越多越好吗？

真 相

春捂其实是强调脱衣要"递减"

指导专家：张思莱

（新浪母婴研究院金牌专家、儿科专家）

春捂秋冻有一定道理。孩子的体温调节功能尚未完全成熟，娇嫩的身体耐寒、抗病能力相对较弱，初春时节乍暖还寒，适当给宝宝保暖，确实不容易生病。但春捂绝不是衣服穿得越多越好，尤其对于我们的宝宝而言，他们通常运动量较大，"捂"得太过，出汗太多，反而容易受凉感冒发烧。

春捂其实是强调脱衣要"递减"，衣物增减既要视天气的变化情况而定，也要根据宝宝自身的体能素质适当增减。具体而言，不要过早脱下羽绒服、厚毛衣毛裤或保暖内衣，让这些衣服在身上多停留一段时间，从而使身体产热、散热的调节与初春那种乍暖还寒的状态相适应。

如何判断宝宝穿衣是否合适？

1. 如果是哺乳期的婴儿，妈妈可以通过乳头来感受孩子的口腔，判断孩子冷不冷。

2. 摸摸孩子的后背和腋下的温度，如果这两个位置温暖，就说明孩子不冷，不需要给他额外加衣服。

绿色植物能抗霾？

我们家这边，雾霾比较严重，以前不太重视室内空气质量对人的影响，有了宝宝后，相关消息看得比较多，但真假难辨。前几天在朋友圈看见一个说法：房间中放绿色植物就能够抗霾。绿色植物对抗霾到底有没有作用？

真 相

不靠谱。室内抗霾，应该正确使用空气净化器

指导专家：张思莱
（新浪母婴研究院金牌专家、儿科专家）

雾霾中微小颗粒沉积下来的高度跟孩子的高度差不多，所以小孩子是最容易受雾霾影响的。家中养绿色植物就能抗霾的这种说法不靠谱，植物降尘需要很大面积才能有明显的效果，室内绿植种植数量有限，指望它们解决 PM2.5 造成的空气污染比较困难。此外网上流传吃一些所谓"清肺食物"的做法也没有什么用。室内抗霾，应该正确使用空气净化器。

使用空气净化器是室内净化空气的主要途径，除了室内防护之外，家长要记住，雾霾天气尽量不要带孩子外出。如果实在避免不了，外出时一定要戴上防护口罩，同时回家后一定要用棉棒帮助孩子清理鼻孔，帮助他们漱口。最好能将外出的衣服脱下，换上专门在室内穿着的衣服。

空气净化器的使用建议

1. 即使使用了空气净化器，也要注意开窗通风。

很多人在使用空气净化器时就不会再开窗通风了，这种做法不对。在空气质量稍微好一点的时候，还是要开窗通风半个小时左右，只是在通风的时候注意加大净化器的使用挡位。

2. 回家后临时打开空气净化器作用不大。

很多人出门就把空气净化器给关了，回家的时候又把它给打开，这其实作用是不大的。因为我们的空气是会流通的，当我们不在家的时候，室外被污染的空气也会通过不是绝对密闭的环境进入室内，因此回家后打开一两个小时，净化作用会弱很多。空气净化器应一整天都使用。

3. 空气净化器的选择要与室内面积相匹配，否则达不到净化作用。

任何一台空气净化器的净化效果都是存在一定适用面积的。国际标准要求净化器每小时需将整个房间内的空气过滤 5 次以上。如一个 20 平方米的，高度为 2.5 米的房间，则需要 20 平方米 ×2.5 米 ×5 次 =250 立方米 / 时，至少应该选择一台风量为 250 立方米 / 时的空气净化器。

4. 别忘了及时更换滤芯。

空气净化器的滤芯也是存在一定饱和性的，要根据使用说明定期更换，否则会影响净化效果。

小儿喂养篇

初乳很清，对新生儿没营养？

有的新手妈妈刚生完宝宝想亲自哺乳，但奶水很清，不像其他妈妈的初乳那么浓，家人认为这种看上去清淡的奶水没有营养，不能给宝宝吃，这样做真的对吗？

真 相

初乳的营养价值很高，千万不要让宝宝错过初乳

指导专家：张思莱
（新浪母婴研究院金牌专家、儿科专家）

初乳的量比较少，只有几毫升，看起来比较稀，是因为脂肪含量比较少，其实初乳里有很多抗体，对宝宝的帮助非常大，初乳是非常珍贵的。

人乳的成分可因产后时期和哺乳前后时间不同而有较大的差异。新妈妈分娩后7天内，乳房分泌的乳汁称"初乳"，它呈淡黄色、量少。产后8—14天的乳汁称为"过渡乳"，2周以后的乳汁称为"成熟乳"。初乳含有丰富的营养元素，外观看上去清淡的奶水并不一定比浓厚的奶水营养差，只是奶水成分略有差异。

初乳的营养价值很高：

1. 相较于过渡乳及成熟乳，初乳含有较少的脂肪和乳糖，这正好和刚出生的宝宝胃肠道对脂肪和乳糖的消化和吸收能力较差相适应，适合宝宝消化吸收。

2. 初乳中的蛋白质含量非常高，含有丰富的免疫活性物质，如大量的分泌型 IgA（免疫球蛋白 A）和吞噬细胞、粒细胞、淋巴细胞，这有助于增进新生儿呼吸道及消化道防御病菌入侵的能力，提高宝宝的抵抗力，对新生儿预防感染及初级免疫系统的建立十分重要。

3. 初乳含有丰富的微量元素和长链多不饱和脂肪酸等营养素，初乳中的盐类如磷酸钙、氯化钙，微量元素如铜、铁、锌等矿物质的含量明显高于成熟乳，锌的含量尤其高，是正常血锌浓度的 4—7 倍，对宝宝的生长发育很有利。

4. 初乳是孩子人生的第一次免疫，因初乳中矿物质如磷酸钙、氯化钙等盐类的含量较多，所以初乳有通便作用，可以清理初生儿的肠道和胎便，宝宝出生最初几天可能大便次数很多，这并不是坏事，而哺喂初乳恰好促进了胎便的排泄，有利于黄疸的消退。

此外，国际母乳喂养行动联盟（WABA）一项研究报告显示，如果妇女能在产后第一个小时内开始哺喂母乳，可以拯救 400 万个新生儿中的 100 万个。在产后 24 小时之后才开始哺乳的婴儿，不论是混合喂养还是纯母乳喂养，比起产后 1 小时就开始哺乳的婴儿，死亡概率高出 2.5 倍。如果新生儿产后 1 小时内开始纯母乳喂养，可以避免 22% 的新生儿死亡。

虽然观感较差，但是初乳的营养价值很高，千万不要让宝宝错过初乳。建议新妈妈尽早开奶，产后 30 分钟内即可喂奶。让宝宝吮吸乳头，获得初乳，有利于进一步刺激泌乳，增加乳汁分泌量，还有利于预防宝宝过敏，并减轻新生儿黄疸，防止体重下降和低血糖的发生。宝宝吮吸第一口母乳，也是建立亲子依恋关系的开始。母乳会越吃越多。母乳喂养成功，生产后早拥抱、早开奶、早吮吸是非常重要的。

新生儿光喝母乳营养不够？

新生儿刚出生后每两到三个小时就要吃一次奶，有些妈妈认为她们的宝宝总是要吃奶，是不是营养不够呢？

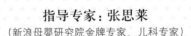

母乳是宝宝最好的口粮，可以满足婴儿生长发育的各种需要

指导专家：张思莱

（新浪母婴研究院金牌专家、儿科专家）

母乳是婴儿最理想、最天然、最适合的营养来源。母乳中富含各种营养元素，可满足宝宝不同阶段的健康成长。母乳喂养有诸多好处：

1. 母乳蛋白质中，乳蛋白和酪蛋白的比例最适合新生儿和早产儿的需要，保证氨基酸完全代谢，不至于积累过多的苯丙氨酸和酪氨酸。

2. 母乳中半胱氨酸和氨基牛磺酸的成分较高，有利于新生儿的生长，促进智力发育。

3. 母乳中不饱和脂肪酸含量较高，且易吸收，钙、磷比例适宜，糖类以乳糖为主，有利于钙质吸收，而且总渗透压不高，不易引起坏死性小肠结肠炎。

4. 母乳中含有大量的免疫物质，能增强新生儿的抗病能力。初乳和过渡乳中含有丰富的分泌型 IgA，能增强新生儿呼吸道抵抗力。

5. 母乳为新生儿的生理食品，不易引起新生儿过敏。

6. 母乳喂养时肌肤接触，能帮助宝宝建立安全感，促进母子关系。

7. 研究显示，随着母乳喂养时间的延长，孩子超重、肥胖的发生率都呈下降趋势。

乳汁对于新生儿来说是任何东西都不能替代的。每次哺乳，宝宝最先吸入的乳汁叫前乳，前乳中脂肪含量比较低，比较稀薄，含水量大，可以为宝宝提供丰富的水分、蛋白质、乳糖、维生素、无机盐和水，还具有抗癌能力的免疫球蛋白。经过充分吮吸后，3 分钟左右之后的奶水，就进入了后乳。后乳则含有较多的脂肪，看起来颜色比前乳白，它可以为宝宝提供大量的热量，有助于宝宝成长。

结 论

对于新生儿，纯母乳喂养是很难估计出需要吃多少奶量的，一般建议按需喂养，宝宝什么时候想吃就什么时候喂。

另外，刚出生的宝宝胃容量很小，不足 10 毫升，10 天以后胃容量为 30—60 毫升，2 周至 2 个月为 80—140 毫升。宝宝每次吃奶的奶量少，母乳消化快，胃排空得比较快。0—3 个月又是宝宝一生中生长发育速度最快的阶段，需要的能量很多，因此，宝宝此阶段需要按需喂养，来满足发育的需要。

新生儿阶段一般每天哺乳 8—12 次，每次至少吸空一侧乳房，在有节律吮吸的同时可以听到吞咽声。每 24 小时排尿 8—10 次，大便每天至少 3—4 次，为黄色糊状，每次哺乳后宝宝能安睡 2—3 小时。宝宝每周体重增长 125 克，满月时体重增长大于 600 克，就说明宝宝摄入的母乳量是够的。

之后，宝宝逐渐建立内在的生物钟，生活起居、吃奶等开始有规律，4 个月以后一般可 3—3.5 小时喂一次。

道听途说

哺乳的姿势会影响宝宝的视力？

哺乳的时候不要长期躺着或者是用一个姿势，因为以一个固定位置喂奶，孩子会用同一只眼睛去窥视固定的灯光，容易造成斜视。这是真的吗？

真 相

哺乳的姿势不会影响宝宝的视力

指导专家：翟长斌
(北京同仁医院屈光科主任医师)

哺乳的姿势不会影响宝宝的视力。导致斜视的原因有两个：第一，遗传；第二，高度近视、高度远视、双眼屈光度差得比较多等双眼视力发育不一致。跟妈妈的哺乳姿势无关。

道听途说

宝宝一出生就要补钙？

宝宝出生后生长迅速，建议出生后或者从满月开始就要补钙。

真相

母乳是婴儿最好的钙营养来源，宝宝出生 6 个月内不需要额外补充钙剂

指导专家：张思莱

（新浪母婴研究院金牌专家、儿科专家）

钙对于孩子的生长发育具有非常重要的生理意义。钙是构成人体的重要组成部分，其中 99% 存于骨骼和牙齿中。钙对神经兴奋性的维持、血液凝固、肌肉收缩和舒张、腺体的分泌、多种酶的激活均有作用。在婴儿期以及儿童时期获得充足的钙质，不仅可以影响儿童目前的健康状况，可能还会推迟或预防老年时期的骨质疏松。

但是并不是所有的孩子都需要额外补钙。有很多家长包括一些基层医生看到婴儿出汗多、有枕秃和肋缘外翻，往往误认为孩子是缺钙，建

议补充钙剂。因此，钙剂的滥用也成了一个危害孩子健康的原因。

0—6个月的婴儿每天钙的生理需要量为200毫克，纯母乳喂养的宝宝在出生后6个月内不需要额外补充钙剂。这是因为母乳中的钙足以满足婴儿对钙的需求，且母乳中的钙、磷比例合适，易于钙的吸收，吸收率高达60%—70%。每100毫升母乳含钙34—40毫克，其钙含量在婴儿出生6个月内比较稳定。一般母乳每天的奶量为800—1000毫升，因此其中含的钙足以满足6个月内的婴儿对钙的需求。

妈妈是最大公无私的，不管自己身体储存多少钙，每天必定有300毫克的钙通过乳汁输送给自己的宝宝（孕期也是这样的），以满足宝宝对钙的需求。如果妈妈自身血钙不足，那么骨骼中的钙就要游离出来满足血钙的需要，导致自身骨质疏松。因此，建议妈妈每天补充1200毫克的钙。妈妈补充钙的最佳措施就是每天饮用牛奶400—500毫升。如果妈妈对牛奶不耐受，可以每天补充钙剂600毫克。

根据2016营养性佝偻病的预防和管理全球共识，7—12个月的孩子每天钙的生理需要量为260毫克，如果继续母乳喂养，再加上辅食中摄入的钙，足以满足孩子对钙的需求。不需要额外补充钙剂了。

1—4岁的孩子，每天发育需要600毫克钙，因此建议这个阶段的孩子每天饮用牛奶500毫升。加上饭菜中的钙，足以满足身体每天对钙的需求。

虽然喝母乳的宝宝不愁补钙，但母乳中维生素D的含量很低，根据研究表明，初乳平均每升的维生素D含量为16.9国际单位，成熟乳平均每升的维生素D含量为26国际单位。母乳喂养不能满足宝宝发育所需要的维生素 D，容易引发维生素 D 缺乏，引起孩子维生素 D 缺乏佝偻病，孩子会出现精神方面以及骨骼的变化。

结论

　　适宜的阳光照射会促进皮肤中的维生素 D 的合成，但是鉴于养育方式的限制，尤其在北方寒冷的季节和南方的梅雨季节，孩子户外活动少，不能进行日光浴，单纯依靠阳光照射可能不是婴幼儿获得维生素 D 最方便的途径，所以建议母乳喂养的新生儿出生数天后每天开始补充维生素 D 400 国际单位，早产儿出生后每天补充维生素 D 800 国际单位。

6个月后母乳没营养，干脆不喂了？

宝宝长到6个月后，不少妈妈常常被身边的人告知：母乳6个月后就没啥营养了。正因为这句话，很多妈妈就早早地给孩子断奶了。那么，母乳6个月后就真的没营养了吗？

真 相

6个月后应该在添加辅食的基础上继续母乳喂养

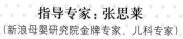

指导专家：张思莱
（新浪母婴研究院金牌专家、儿科专家）

6个月后母乳仍然有营养

母乳是保障婴儿营养的最佳物质，绝大多数妇女可以产生有足够营养元素的乳汁。极度营养不良的妇女，在其身体指数低的情况下（低于18），乳汁的质量才会受到影响。

从婴儿刚出生时的初乳到成熟乳，乳汁的成分不同，甚至在每次喂奶的过程中，乳汁成分也不同。前乳主要是满足婴幼儿止渴需求，后乳满足其能量和蛋白质的需要。这就是母乳的神奇之处，妈妈身体自动调节母乳的成分以满足婴儿需要。

婴儿 6 个月前与 6 个月后相比，母乳所含能量、蛋白质和铁的总量大致相同。但母乳提供的各种营养素的含量占身体需要量的百分比有所不同（随着婴儿生长，身体需要的各种营养素的量也会增加）。母乳中免疫物质在不同的时间段也不同，取决于妈妈自己暴露于哪些抗原物质。6 个月之后母乳没有营养的说法是不正确的。

在添加辅食的基础上继续母乳喂养

世界卫生组织建议，在婴儿前 6 个月内应该纯母乳喂养（纯母乳喂养是指除母乳外，不给婴儿添加任何的食物和饮料，6 个月以后开始添加辅食就不叫纯母乳喂养，就叫母乳喂养了）。然而 6 个月之后，婴儿对能量和营养元素的需求仅靠母乳是无法满足的，世界卫生组织建议，在婴儿满 6 个月后，应该在添加辅食的基础上继续母乳喂养至 2 岁甚至更久。

有的妈妈乳汁确实不够，可以添加相应阶段的配方奶（即 7—12 个月的配方奶），采取混合喂养，保证孩子体格和智力的发育。不能以鲜牛奶、蛋白粉或者牛初乳代替母乳或配方奶，因为这些食品的蛋白质和矿物盐含量高，会对婴儿造成较大的肾脏负担。

因此，6 个月后母乳没营养是错误的观念，为此狠心断母乳更是错误的做法，如果自身条件允许的话，建议妈妈继续母乳喂养至孩子 2 岁甚至更久。

道听途说

妈妈发烧、患乳腺炎，母乳就不安全了吗？

哺乳期患乳腺炎是一件很烦恼的事，自身痛苦不说，还要纠结能不能继续哺乳，很多人说，妈妈发烧、患乳腺炎，母乳就不安全了，不能给宝宝喂了，是真的吗？

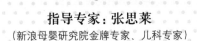

真 相

发烧、患乳腺炎都可以继续哺乳

指导专家：张思莱
（新浪母婴研究院金牌专家、儿科专家）

感冒、发烧可以继续哺乳

一般来说，妈妈感冒、发烧还是可以哺乳的。因为大多数情况下在患病之前，由于妈妈和宝宝密切接触，宝宝通过接触和空气传播已经被传染了，所以当妈妈有了明显的感冒、发烧症状时，还是应该继续母乳喂养，因为这时隔离已经没有任何意义了。此时妈妈自身已经形成了一定的抵抗能力，其乳汁中也会有一定量的相应抗体，通过哺乳，宝宝可以获得这些抗体，有助于增强宝宝的抵抗力。

建议妈妈在哺乳时戴上口罩，在用药时请向医生说明自己正在哺乳期，便于医生参考用药。

妈妈患乳腺炎，建议坚持母乳喂养

乳腺炎主要是乳汁堵塞、淤积造成的，是乳腺管周围的组织感染发炎，乳腺管内的乳汁是清洁的，并没有引起感染的致病菌，因此建议妈妈坚持母乳喂养，排空乳房。这样不仅无损孩子的健康，还能减轻和阻止乳腺炎的感染扩散。

对于希望继续母乳喂养的妈妈应该休息好，可以在医生指导下吃一些不会对孩子产生危害的抗生素，局部进行温湿敷有助于消除脓肿、减轻疼痛。如果妈妈确实不愿意哺乳也要将乳汁挤出来，否则乳汁不能及时排出会造成感染扩散，形成乳腺脓肿，就需要去医院进一步处理了。

因此，发烧、患乳腺炎都可以继续哺乳，乳腺炎是乳腺管周围的组织发炎，乳腺管内的乳汁是清洁的，不影响喂奶。妈妈应该好好休息，保证乳房通畅，不要因为这几天没有好好喂孩子，导致母乳减少。

哺乳期减肥会"减奶"？

产后减肥是每个新妈妈最为关注的问题之一，想减肥，又顾虑还要给宝宝喂母乳，担心影响了宝宝吃奶，那么哺乳期减肥会"减奶"吗？

真 相

喂母乳是最好的减肥法

指导专家：张思莱
（新浪母婴研究院金牌专家、儿科专家）

对于哺乳期减肥的问题，专家表示，哺乳本身是非常瘦身的，妈妈们坚持每天哺乳便可以消耗 500 卡路里，相当于长跑两公里消耗的热量，其中一半热量来自食物，另外一半则来自孕期堆积在大腿和手臂的脂肪。

另外，通过母乳喂养，妈妈体内的热量可以传递给宝宝，这时候身体里的热量值就可能会低于正常的热量平衡值，除非额外补充食物，否则妈妈的体重就会下降。

坚持母乳喂养，不仅有利于减肥，还可以加速体内新陈代谢，有助于子宫以及各个身体器官的快速恢复。

研究表明，与用配方奶喂养的妈妈相比，母乳喂养的妈妈在产后减肥更快、臀围减少更多，也会更快恢复到怀孕前的体重。所以在哺乳期，妈妈只要注意饮食、均衡搭配、吃得健康，便可以轻轻松松瘦下来，如果加上适量的运动就更好了。运动不会影响母乳的味道。

结 论

新手妈妈哺乳期减肥要慎重，千万不能为了瘦身而节食拒绝摄入卡路里，这会让你感到身体虚弱，对于哺喂婴儿也是不好的。

道听途说

哺乳期不会怀孕？

大部分人认为，生完宝宝只要没来例假，就不需要采取避孕措施，哺乳期也不会怀孕，这是真的吗？

真 相

产后更要做好避孕措施

指导专家：蒋佩茹
（复旦大学妇产科学教授）

月经是恢复排卵的一个标志，但是从顺序上来讲是先恢复排卵才能来第一次月经。在生完宝宝后，妈妈们从第一次来例假之前的 14 天左右，就已恢复正常排卵了。只要有排卵，又没有采取有效的避孕措施，就有可能怀孕。

哺乳期由于催乳素浓度比较高，催乳素会抑制排卵，但是，把哺乳期来当成避孕措施也不靠谱。哺乳期意外怀孕处理起来比较麻烦：此时子宫非常软，如果怀孕了需要做人流，非常危险；如果怀孕了想要第二胎，妈妈的乳汁会巨量减少，对宝宝的哺乳也有影响。

当然，措手不及地怀孕对肚子里的宝宝也没有好处。而女性在生产完之后，由于被胎儿撑大的子宫和阴道都需要一个慢慢恢复的过程，不适合过早再度怀孕，尤其是剖宫产的妈妈，出院时医生都会叮嘱再度怀孕的间隔要 1 年以上，让子宫剖宫产伤口有足够的时间愈合。

结论

哺乳期不会怀孕以及产后没来月经不会怀孕都是错误的认识，正常排卵是在月经来之前 14 天左右就发生了，因此都有怀孕的可能，新手妈妈们在产后一定要做好避孕措施，保护好自己的身体。

乳房小奶就少吗？

很多妈妈在母乳喂养过程中会出现奶水少不够吃的现象，渐渐地对母乳喂养失去信心，甚至一度认为是因为自己的乳房小，奶水才会少，真的是这样吗？

真 相

乳汁多少和乳房大小没关系

指导专家：张思莱
（新浪母婴研究院金牌专家、儿科专家）

乳汁的多少和乳房的大小没有因果关系，乳汁的多少和妈妈身上的乳腺细胞以及乳腺通畅不通畅有关系，和乳房大小没有关系。

乳房主要由皮肤、乳腺腺体、支持结缔组织和起保护作用的脂肪组成，脂肪的内侧是乳腺腺体。奶量的多少主要看乳房中乳腺腺体的发育情况、激素的水平，以及哺乳过程中妈妈的情绪、情感，不能单凭乳房的大小判断奶量的多少。有的妈妈乳房虽然大，但是由于激素水平失衡，而且乳房中有过多的脂肪沉积，产生的乳汁并不多。

有的妈妈乳房虽然小，但是如果乳腺腺体即乳腺小叶、乳导管以及乳泡系统发育得好，各种激素分泌均衡并协同作用好，妈妈的营养充分均衡，同时因宝宝吮吸刺激乳头的感觉神经末梢而反射性地增加泌乳素分泌，并通过血液输送到乳腺腺泡，乳汁的分泌就会增加。再加上宝宝频繁地吮吸、妈妈哺乳时的愉快情绪等，都会促使奶量增加。

结 论

妈妈们不要因为自己的乳房小，就对母乳喂养产生怀疑，丧失母乳喂养的信心，这是不对的。乳房不太大的妈妈，乳汁比乳房大的妈妈没准还多，这种可能性都是有的。一定要对母乳喂养充满信心，争取产后30分钟内做到"三早"：早与孩子接触，早给孩子开奶，让孩子早吮吸。

除此之外，哺乳妈妈还要保证身心愉快、睡眠充足、营养合理，需要额外增加500千卡／日的热量，同时保证每天谷类食物、动物性食物（鱼、禽、蛋、瘦肉和海产品等）、蔬菜、水果的充足摄入，做到食品多样化，多喝一些汤水，这些措施都可以增加泌乳量。

催乳师能使奶水变多？

如今，催乳师这个行业很火热，很多妈妈产后奶水不足，都会找催乳师帮助催奶，那么，催乳师一定能使奶水变多吗？

真 相

让宝宝勤吮吸，才是增加奶水的最佳途径

指导专家：张思莱
（新浪母婴研究院金牌专家、儿科专家）

宝宝生下来，乳汁是为宝宝提供的最佳食粮。可是乳汁并不是马上就有的，母乳的产生是泌乳素和泌乳反射共同作用的结果，只有婴儿吮吸，不断地刺激新妈妈的中枢神经系统，才会产生泌乳素和催产素，引起泌乳反射，使乳汁分泌并流出。

一般产后30分钟内医护人员为新生儿擦干皮肤及处理完脐带，会把宝宝裸体抱到妈妈胸前，使母子肌肤接触，母子进行眼神交流，同时新生儿口含乳头进行吮吸，不但促进母子依恋关系建立，刺激乳汁分泌，早下奶，而且新生儿的吮吸会刺激催产素的分泌，进而促进乳汁大量

分泌。

剖宫产的妈妈由于手术、用药等原因不利于新生儿早吮吸、早接触、早开奶，再加上产后手术刀口的疼痛，都可能造成下奶的时间延长。

催乳师要慎选、慎用

很多妈妈在产后会找催乳师，催乳师按摩在一定程度上可以使乳腺通畅，但也必须注意手法，如果手法不准确或者手劲太重，都可能会导致腺管堵塞加重，甚至引起炎症，催乳师并不是让奶水变多的，主要是帮助一些奶涨或者乳腺不通的产妇。目前很多催乳师都是家政公司自家培养的，一定要慎选、慎用。

此外，宝宝出生 7 天之内，不建议妈妈喝特别多下奶的汤，因为喝这些下奶的汤，如果乳导管没有完全疏通，很容易造成乳汁堵塞。早吮吸、勤吮吸、有效地吮吸，才是刺激乳汁分泌的最好方法。

如何使新妈妈奶水充足？

1. 相信自己

新妈妈对自己能够胜任母乳喂养工作的自信心将是母乳喂养成功的基本保证。不论女性乳房的形状、大小如何，都能制造出足够的奶水，带给宝宝丰富的营养。

2. 保持好心情

母乳是否充足与新妈妈的心理因素及情绪情感关系极为密切。所以，新妈妈在任何情况下都要不急不躁，以平和、愉快的心态面对生活中的一切。家中的成员在这个时期要多多照顾新妈妈，多陪伴她，言语中多鼓励新妈妈。

3. 勤吮吸

促使母乳增多最有效的办法就是增加宝宝的吮吸次数。让宝宝做到频繁、有效地吮吸，做到早吮吸、早开奶、按需喂养。因为乳汁产生是通过泌乳反射来完成的，当婴儿吮吸乳头和大部分乳晕时，刺激脑垂体的泌乳素和催产素分泌，吮吸的次数越多，泌乳素分泌得就越多，乳汁产生的就越多。

催产素会引起喷乳反射，宝宝吮吸的力量较大，使其更容易、更多地吃到乳汁。婴儿吮吸得越多，吮吸的力量越大，喷乳反射越强烈。喷乳反射很容易接受妈妈的想法和感受。因此对孩子感受很愉快，或想到孩子的可爱之处，以及相信自己的奶水对孩子是最好的，都有助于喷乳反射使乳汁排出。

注意，一定要让宝宝的嘴巴含住大半个乳晕，才是有效的吮吸。

4. 补充水分

新妈妈常会在喂奶时感到口渴，这是正常的现象。妈妈在喂奶时要注意补充水分，多喝汤水。每天水分摄入量增加1000—1500毫升，这样乳汁的供给才会既充足又营养。

5. 充分休息

夜里因为要起身喂奶好几次，晚上睡不好，睡眠不足当然会使奶量减少。新妈妈要注意抓紧时间休息，白天可以让丈夫或者家人帮忙照看一下宝宝，自己抓紧时间睡个午觉。或者当宝宝睡觉时，妈妈也同时睡下，争取有更多的睡眠时间。

因此，妈妈们不要因乳汁少、不够宝宝吃而一味地依赖催乳师，不要丧失对母乳喂养的信心，要注意休息、保持好心情，自我调节，保持营养均衡，让宝宝勤吮吸，才是增加奶水的最佳途径。

几道生奶的汤水

◎ 胡萝卜马蹄腱子肉汤：

胡萝卜1根（切段）、甜玉米1根（切段）、马蹄150克、猪腱子肉200克、大枣3枚，同煲1—1.5小时，加盐调味即可。

◎ 鲫鱼豆腐汤：

鲫鱼200克（过油煎）、黄芪10克、当归10克、生麦芽60克，同煲至汤乳白色后加入豆腐50克，再煲10分钟，加盐调味即可。

◎ 猪蹄花生汤：

猪蹄1只、花生50克、党参10克、当归10克、生麦芽60克，同煲1—1.5小时，用吸油纸吸油后加盐调味即可。

◎ 木瓜排骨汤：

小排骨200克、青木瓜半个（去皮切块）、生麦芽60克、通草3克，同煲1—1.5小时，用吸油纸吸油后加盐调味即可。

月经期奶水变脏，不能喝？

有人认为，妈妈来月经是排出体内污秽之血，此时的奶水也变得不干净，不应该继续给孩子喂奶，如果宝宝吃了这种奶，不仅没有营养，还对身体不好，这是真的吗？

真 相

月经期奶水不会变脏，千万不要妄信错误的观念，而断了宝宝的口粮

指导专家：张思莱、蒋佩茹
（新浪母婴研究院金牌专家、儿科专家　复旦大学妇产科学教授）

一些老人认为妈妈来了月经，妈妈的乳汁就是"脏"奶了，不能给孩子吃，这是一种错误的观点。月经血其实不脏，它不是什么脏血。它是子宫内膜在雌、孕激素变化影响下周期性脱落引起的出血。雌激素和孕激素是一对朋友，又是一对矛盾体，雌激素促进内膜生长，在孕激素的作用下，子宫内膜脱落，协调得好形成月经，协调得不好造成子宫功能性出血。由此看出，月经流出来的血本身不脏，并不会污染到乳房，使鲜奶变成"脏"奶。

那么，来月经会影响妈妈哺乳吗？

其实，月经对于乳汁的影响每个人略有不同。一般来说，月经期母乳产生的量会少一些，乳汁中脂肪的含量可能会少一些，但是蛋白质会增多，因此月经期间乳汁不会对孩子产生什么影响。

道听途说

奶粉越浓越有营养?

有一些妈妈抱怨,家里老人在给宝宝冲奶粉时,总是有意无意地多加点奶粉,认为这样更有营养,这样做对吗?

真  相

奶粉冲太浓影响宝宝健康

指导专家:张思莱
(新浪母婴研究院金牌专家、儿科专家)

冲调奶粉的浓度,取决于奶粉中各种营养成分的比例,以及宝宝生长阶段的消化吸收能力,父母们不要一味凭感觉,认为多点少点都无所谓,要知道奶粉冲太浓对宝宝的危害是非常大的。

宝宝能耐受的奶粉中的各种营养素浓度应与母乳中的浓度相似,婴儿喝了过浓的奶,胃肠道难以负荷,因而会发生一些疾病,如消化不良、便秘、呕吐等,甚至会影响肝肾功能,影响发育。尤其是给新生儿喂过浓的奶液,容易发生消化道出血或肾功能损伤。

过浓的奶影响胃肠道对水分的吸收,增加肾脏负担。奶粉冲得太浓,

会摄入过量的蛋白质，而摄入水分又减少，蛋白质分解代谢所产生的非蛋白氮物质就会在血浆内潴留，从而导致氮质血症。用配方奶喂养宝宝，补充适量水分是必要的。

此外，奶粉冲太浓意味着宝宝摄入过量的蛋白质、脂肪和矿物质，这些过量的物质超过了宝宝的需要，不能留在体内，需要通过肝脏和肾脏代谢排出体外，势必会增加肝肾负担，如果超过了肝肾的代谢负荷，就会堆积在血液中，引起氮质血症、高钠血症等问题，严重影响宝宝的健康。

既然太浓不行，那么冲淡一点行不行呢？同样不行，奶粉冲太淡会导致宝宝蛋白质含量不足，从而引起营养不良。

结 论

奶粉冲太浓或太淡都是错误的做法。提醒家长冲调奶粉一定要严格遵守配方奶粉包装上的建议冲调方法，不同的奶粉厂家有不同的冲调说明，所用的量勺大小也不同，家长不要自己随意增加或减少奶粉浓度。

冲奶粉时，先加奶粉后加水？

对于冲奶粉时先加奶粉还是先加水的问题，一直是妈妈们热烈讨论的话题，在传统观念中，很多人认为，冲奶粉应该是先加奶粉后加水，这么做真的对吗？

真 相

冲奶粉应该先加水后加奶粉

指导专家：张思莱
（新浪母婴研究院金牌专家、儿科专家）

婴儿消化系统发育未成熟，胃容量小，消化吸收与肾脏的代谢功能都不完善，因此，配方奶的浓度要尽可能接近母乳，婴儿才能适应，冲调配方奶粉浓度要精确，如先加奶粉后加水，水仍加到原定刻度，奶就变浓了；先加水后加奶粉，会涨出一些，浓度合适。另外，先加水后加奶粉，更有利于奶粉溶解。

此外，冲奶粉的水是自来水煮沸后，倒入杯中，放凉至40℃—50℃，再用来冲调奶粉就可以了。因为水温过高，超过60℃就会造成蛋白质凝固变性破坏其营养成分，水温低于40℃婴儿消化道难以适应。

此前世界卫生组织发布了一项指导文件《如何冲调配方奶粉让您在家用奶瓶喂哺》，如下：

如何冲调奶粉?

第1步：对冲调奶粉的奶瓶表面进行清洁和消毒。

第2步：用香皂和水清洗双手，然后用干净或者一次性毛巾擦干。

第3步：煮些干净的水。如果使用自动电炉，请等到电炉自动断电。如果使用锅子煮水，请确保水煮至沸腾。

第4步：阅读配方奶粉包装上的说明，了解开水和奶粉的调配比例。多于或少于说明的分量都可能使婴儿患病。

第5步：请小心被烫伤，将适量的开水倒入干净且消过毒的奶瓶中，水温不得低于70℃，并且煮开后不能闲置30分钟。

第6步：将精确分量的配方奶粉添加到奶瓶的开水中。

第7步：轻微摇动和转动奶瓶，使其充分混合。

第8步：握住奶瓶放在水龙头下冲洗，或者将奶瓶放在盛放了冷水或者冰水的容器中，迅速将其冷却到适合哺喂的温度，这样就不会污染到奶液了，但要确保冷却水的水平面低于瓶盖。

第9步：使用干净或一次性毛巾擦干奶瓶表面。

第 10 步：将少量奶液滴进您的手腕内侧，以便检查温度。感觉起来应该是温热，而不是烫。如果感觉到烫，那继续冷却，然后再哺喂。

第 11 步：哺喂婴儿。

第 12 步：2 个小时内未能吃完的奶液应全部倒掉。

世界卫生组织还在最后强调：切勿使用微波炉加热奶液，微波炉并非均匀加热，物体会产生"热点"，这可能烫伤婴儿的口腔。如果当时没有开水冲调奶粉，你也可以使用新鲜、干净的温水冲调，然后马上食用。使用 70℃以下的温水（40℃—50℃温水不会灼伤婴儿的食道）冲调的奶液即可食用，不得存放过久。

只要严格按照世界卫生组织的要求程序，对哺乳工具认真清洗消毒和哺喂孩子，孩子的健康就会获得更好的保障。

添加辅食，越早越好？

道听途说

很多老人在养育孙子孙女的时候，会有这种想法，认为给宝宝添加辅食越早越好，只要宝宝能吃就马上给孩子加，这样真的好吗？

真相

辅食添加不要操之过急，也不要过晚，6个月前后是最佳时机

指导专家：李宁

（北京协和医院营养科营养师、副教授）

过去的观点认为应该是 4 个月左右添加辅食，最近一些年，专家们的看法有了变化。世界卫生组织发布的《婴幼儿喂养指南》提出，应在宝宝满 6 个月后再添加辅食，卫生部 2007 年出台的《婴幼儿喂养策略》也指出：母乳是 0—6 个月婴儿最合理的"营养配餐"，能提供 6 个月内婴儿所需的全部营养。中国营养学会妇幼人群膳食指南修订专家工作组在 2016 年修订的《中国 0—2 岁婴幼儿喂养指南》中也建议"坚持 6 个月龄内纯母乳喂养"，6 个月之后，为满足其不断发展的营养需要，婴儿

才应开始添加辅食。

专家指出：过早添加辅食，容易因婴儿消化系统不成熟而引发胃肠不适，进而导致喂养困难或增加感染、过敏等风险。过早添加辅食也是母乳喂养提前终止的重要原因，并且是儿童和成人期肥胖的重要风险因素。过早添加辅食还可能因进食时的不愉快经历，影响婴幼儿长期的进食行为。

不过也不用特别地教条，还是要考虑一下每个宝宝生长发育的不同情况，6个月、不到6个月，或者6个月过一点点都是可以的。如果妈妈的奶水好，宝宝生长发育很正常的话，可以在整6个月的时候添加辅食。如果宝宝生长发育速度已经慢下来了，或者有非常想吃食物的迹象，也可以稍微早一点。

辅食添加太早不行，添加太晚同样对宝宝不利。添加辅食太晚，会增加婴幼儿营养缺乏的风险，特别是铁、锌及维生素 A 等。添加辅食太晚的孩子贫血的发生率很高。另外，半岁左右的婴儿进入味觉敏感期，太晚添加辅食会影响宝宝对于不同口味食物的接受能力，从而造成今后的喂养困难。所以，适时添加辅食不但可以为宝宝提供所需营养，也可让孩子接触多种质地或味道的食物，对日后避免偏食挑食有帮助。

给宝宝添加辅食的四个条件

1. 宝宝的月龄处于 6 个月左右。

2. 胃肠和肾脏状况良好。没有便秘、腹泻,没有过敏问题,不会经常吐奶,排尿正常。添加辅食后也要继续观察,如果出现湿疹、腹泻、呕吐、便秘等不耐受的情形,要暂停添加。只有身体状况良好,加辅食才不会带来不利影响。

3. 宝宝开始对食物感兴趣,看孩子对大人进食是否有明显的反应。如果大人吃饭时使劲盯着看,还出现了吞咽动作或者口水,一看就馋得不行了,这说明孩子的神经系统已经做好接受辅食的准备了。

4. 宝宝的生长发育正常。宝宝的口腔、咽部肌肉和颈部肌肉都越来越强壮,可以保证吞咽糊状食物时不至于噎到。

道听途说

6 个月宝宝添加辅食首选蛋黄？

传统观念里，妈妈在给孩子添加辅食时首先就想到了蛋黄，认为蛋黄有营养，对宝宝生长发育非常有利，这样做真的对吗？

真 相

蛋黄不是宝宝辅食首选，米粉才是首选

指导专家：李宁

（北京协和医院营养科营养师、副教授）

　　无论是中国营养学会临床营养分会发布的《7—24 月龄婴幼儿喂养指南（2016）》，还是国外相关指南，都不建议将蛋黄作为婴儿辅食首选。因为过早添加蛋黄容易增加婴儿过敏的危险，可能导致呕吐、皮疹、腹泻，甚至休克等不良反应。

　　蛋黄之所以会引起宝宝过敏，主要是因为鸡蛋中含有一种被称为"卵类黏蛋白"的成分，很容易导致宝宝过敏。此物质主要存在于蛋清中，当鸡蛋处于新鲜状态、蛋黄膜未被破坏之前，该物质并不能进入蛋

黄内，但鸡蛋散黄或煮熟后，蛋黄膜功能被破坏，而"卵类黏蛋白"并未凝固，它可以从蛋清迅速地向蛋黄中扩散。过多的"卵类黏蛋白"是诱发婴儿过敏反应的重要因素。因此，不主张首选蛋黄作为辅食。

一般来说，辅食添加先从米粉开始，然后慢慢地可以加一些肝泥、瘦猪肉和鸡肉制作的肉泥、蔬菜及水果，随后再添加其他的肉类和鱼类……总而言之，从相对比较好消化的来，然后一点点过渡，别太着急。

特别需要注意的是，这个阶段的宝宝贫血的发生率比较高，妈妈在添加辅食的时候要选择含有一定铁的食物，强化铁米粉是宝宝最容易消化吸收的糊状食品，且添加了铁剂、维生素 C 及各种营养素，是给宝宝进行辅食添加的首选食品。

另外，在量的选择上，妈妈不要过分给宝宝做主，其实孩子自己知道应该吃多少，这个年龄段的婴幼儿喂养过量的相对比较多，也就是说小胖子比较多，在喂养的过程中，要注意量的把握。

在种类上，也不要给宝宝选择太多能量过高的食物，这个阶段的宝宝是口味养成的关键时期，应该让宝宝尽可能食用健康、清淡的食物，不把辅食做得太香，如果爸爸妈妈心疼宝宝，把味道做得很香，不利于将来养成清淡口味。

结论

妈妈在每次制作辅食时应只添加一种新食物，由少到多、由稀到稠、由细到粗，循序渐进。每引入一种新的食物先适应 2—3 天，观察宝宝是否出现呕吐、腹泻等不良反应，适应后再添加其他新食物。如果怀疑过敏，则应当立即停止尝试，至少 3—6 个月后再试。

总的来说，蛋黄不应成为宝宝的第一口辅食，米粉才是首选。妈妈们在给宝宝初次添加蛋黄时，要观察宝宝吃过后皮肤有无出现皮疹、呕吐等过敏现象，因为婴幼儿免疫力较弱，对新品种食物有可能出现过敏反应。

最初给宝宝添加蛋黄时，可以从拇指肚大小的量开始，确认不过敏再逐渐增加。对 1 岁以后的宝宝来说，一天不要超过一个鸡蛋的量，摄入过多容易引起消化不良。

辅食做得越烂越好?

很多父母在制作辅食时，会坚持又碎又烂的原则，觉得这样孩子不但好咽，也容易吸收营养，生怕宝宝咬不动、卡喉。那么，辅食真的是越烂对宝宝越好吗?

真相

宝宝的辅食并非越烂越好，随着宝宝月龄的增加，父母应不断变换食物的制作方法

指导专家：李宁

(北京协和医院营养科营养师、副教授)

宝宝刚添加辅食时，辅食确实应细碎，呈糊状。这是因为宝宝的牙齿几乎还没长出来或刚刚长出 2 颗，对食物的咀嚼能力较差，泥糊状食物方便宝宝吞咽。

但随着宝宝月龄的增长，乳牙萌出，咀嚼能力增强，可以咀嚼食物了。在添加辅食时应该逐渐过渡到较软的固体（如煮蔬菜）、硬固体食物（如水果、饼干等），这样有助于锻炼宝宝的咀嚼能力和胃肠消化能力等。

倘若一味地坚持软、烂、糊、汁，会使宝宝迟迟不能接受固体食物，影响营养摄取。宝宝的咀嚼能力是需要锻炼的，如果总是吃泥糊状的食物，而错过了咀嚼发育的关键时期，咀嚼能力不能得到良好的发育，会影响长大后对于成人饮食的接受能力，甚至会影响日后牙齿和颌面的正常发育。

另外，太烂太碎的食物，往往已经被人为地加工细化，所以其营养成分相对也会流失得较多，孩子经常食用这类食物，会减少营养的摄取。

结论

随着宝宝月龄的增加，父母应不断变换食物的制作方法，选择一些有适当硬度的、需要啃咬或需要咀嚼的食物，以适应宝宝咀嚼能力的发育。

6 个月后就可以吃盐，不吃盐没力气？

很多老人认为，孩子到了 6 个月后做辅食就可以加盐了，不吃盐的宝宝没力气，以后走路腿没劲，这样的做法对吗？

真 相

1 岁以内别给孩子吃盐

指导专家：李宁

（北京协和医院营养科营养师、副教授）

1 岁以内婴儿的食物中不需加盐、糖以及刺激性的调味品，保持清淡口味。因为，1 岁以内的婴儿肾脏代谢盐的能力还不强，不耐受食物中较多的盐。对于 6—12 个月的婴儿来说，每天需要 350 毫克的钠，婴儿辅食中即使不加盐，母乳、配方奶及辅食原料中均含有钠，已经足够满足宝宝的生理需要。

一般而言，3 岁以内的孩子一定要少吃盐，平时给孩子做辅食时，一定要单独做，不能以成人的口味来给孩子做辅食。婴幼儿对盐的敏感度，远高于成人。食物中盐含量为 0.25% 时，成人觉得淡，婴幼儿吃着就咸了。时间一久，宝宝的口味会越来越重。而高盐（即高钠）的摄入会为儿童埋下高血压、心血管疾病和中风的隐患，同时也会增加患胃癌和骨质疏松的风险。

世界卫生组织发布的《成人和儿童钠摄入量指南》中写道：钠摄入量过高会引起一些非传染性疾病，如高血压、心血管疾病和中风等。具体而言，儿童钠摄入量超标会引发下列健康问题：

第一，加重肾脏代谢的负担，影响肾功能健康。

第二，使口腔唾液分泌减少，溶菌酶相应减少，导致各种细菌、病毒侵犯上呼吸道；同时抑制口腔黏膜上皮细胞的繁殖，削弱抗病能力；盐可杀死上呼吸道的正常寄生菌群，造成菌群失调。上述变化都会增加上呼吸道感染的风险。

第三，影响儿童对锌的吸收，导致缺锌，影响智力发育。

第四，体内过量的钠会导致液体潴留，加重心血管系统负担，引起水肿、高血压等；钠太多还会导致钾从尿中过量排出，同样伤害心脏功能。

第五，血中钠浓度越高，钙的吸收就越差，影响孩子长个儿。

结论

宝宝6个月后不吃盐没力气的说法没有任何依据，食物本身也含有一定的钠，宝宝不吃盐不会没力气，家长在给孩子制作辅食时，别着急给孩子加盐。限制盐的摄入必须从婴幼儿期开始，1岁以内吃不加盐的清淡食物，可以培养宝宝喜欢清淡口味的饮食习惯，终身受益。

道听途说

两顿奶之间添加辅食？

宝宝添加辅食之后，什么时间吃是很多妈妈纠结的一个问题，有人认为添加辅食的时间应该在两顿奶之间，这样对吗？

真 相

一天中添加辅食的时间没有硬性规定

指导专家：李宁

（北京协和医院营养科营养师、副教授）

添加辅食的时间没有硬性规定，宝宝刚开始尝试吃辅食时，因为吃的量和次数都比较少，所以有可能辅食与母乳或配方奶一起吃。随着月龄的增加，可以给宝宝一天两次加餐，上午 10 点多有一次加餐，下午 3 点多有一次加餐。

随着辅食的量逐渐增加，宝宝可能一顿饭只吃辅食就可以吃饱，就会出现"一顿奶、一顿辅食"的情况。等宝宝更大些，基本接近可以吃成人食物了，喝奶的次数可能会减少（但总量一般并不减少，因为每次喝的量多了），这时可能就会一天只喝两顿奶，或者连续两顿都是吃饭的情况。

第一次给孩子添加辅食的时候，如果能让孩子觉得吃辅食是很有意思的事就再好不过了。注意不要强迫宝宝吃，这次不吃可以过两天再尝试；注意温度，别烫到孩子；喂食节奏不要太紧凑，要等孩子咽下一口再喂一口，以免呛到。吃了多少并不重要，能愉快地吃，才是辅食添加初期的目标。

等孩子月龄大些，辅食添加有一定规律后，建议宝宝跟大人吃饭时间同步，因为全家人都凑在一起吃饭，本身就有家庭气氛，孩子也喜欢这个环境。作为父母，要提前培养孩子良好的生活规律。

结论

宝宝添加辅食应循序渐进。刚开始添加时，每天安排一顿辅食就可以了，等到孩子逐渐接受之后，次数再逐渐增加。需要注意的是，即使宝宝特别爱吃辅食，也不能断奶，1 岁以内的宝宝仍应以奶类为主要食物。

宝宝厌食，原因是"食物不合胃口"？

经常有妈妈抱怨自己的孩子不爱吃饭，认为是不是自己做的食物不合宝宝的胃口，于是变着花样给孩子做食物，然而收效甚微，厌食真的是食物不合宝宝胃口吗？

真 相

宝宝厌食，妈妈要多方面查找原因，在科学喂养的前提下，培养孩子良好的饮食习惯

指导专家：李宁

（北京协和医院营养科营养师、副教授）

厌食是指 1—6 岁的孩子在较长一段时间内食欲减退的现象，也是幼儿常见症状。导致宝宝厌食的原因各有不同，不仅仅是"食物不合胃口"，如：

● 喂养过度，导致宝宝消化不良，消化功能紊乱。

● 饮食不规律，进餐时间不固定，影响胃肠正常消化节律。

● 零食吃得较多，零食能量过高，餐前吃零食，都会影响宝宝正餐的摄入。

● 进食甜食过多，血糖一下处于较高水平，导致宝宝无饥饿感。

- 进食时经常遭到训斥，导致对食物产生条件反射的反感。

- 运动不足，能量消耗少。

- 缺锌缺铁，也会出现厌食症或异食癖。

- 食材的选择及食物制作过于单调。

长期厌食会影响孩子进食的量和种类，使体重下降，导致营养不良，机体抗病力降低，从而影响孩子的生长发育，造成孩子面黄肌瘦、个子矮小等。

发现孩子厌食后，父母不能掉以轻心，首先应带孩子到正规医院儿科或消化内科进行全面细致的检查，排除那些可以导致厌食的慢性疾病，排除缺铁、缺锌。

此外，要做到科学喂养，定时进餐，就是按顿吃饭。小儿正餐包括早餐、中餐、午后点心和晚餐，三餐一点形成规律，消化系统才能有劳有逸地"工作"，到正餐的时候，就会渴望进食。平时尽量少给孩子吃零食，零食更不能代替正餐。

父母可适当增加孩子的活动量，促进儿童的新陈代谢，让孩子有饥饿感，从而爱上吃饭。在搭配孩子的饮食时，父母也要注意均衡营养。每天不仅吃肉、乳、蛋、豆，还要吃五谷杂粮、蔬菜、水果。每餐要求荤素、粗细、干稀搭配，如果搭配不当，也会影响小儿的食欲。

值得一提的是，父母还要改正对孩子不正确的饮食态度，不要强迫孩子进食，更不能在吃饭时打骂孩子，让孩子能够集中精力去进食，并保持心情舒畅。

道听途说

碳酸饮料会化牙？是真的吗？

碳酸饮料是很多孩子的最爱，尤其到了夏天，几乎每天都要来一瓶，但是网上有一种说法是碳酸饮料会化牙，多喝就是在害孩子，真的是这样吗？

真　相

碳酸饮料是牙齿的天敌，
孩子最好不要喝碳酸饮料

指导专家：王娅婷、张思莱
（四川大学华西口腔医院儿童口腔科讲师　新浪母婴研究院金牌专家、儿科专家）

曾有一个试验，将牙齿浸泡于不同饮料中达 2 周，研究牙齿在不同饮料中的侵蚀程度。结果发现试验中浸泡于可口可乐组中的牙齿，牙釉质以 $2.8mg/cm^3$ 的程度溶解，而浸泡在健怡可乐中的牙齿甚至比可口可乐在相同的时间内溶解得更多，为 $3mg/cm^3$。因此，只要坚持，水滴石穿，碳酸饮料也可化牙。

在健康的口腔环境中，唾液的 pH 值通常在 6.5 左右。而常见的碳酸饮料，如可乐的 pH 值约为 2.5[①]。或许大家有过这样的体验，喝过碳酸饮料后，牙齿总会有些许酸涩的感觉，那就是牙釉质表面发生了轻微的脱矿；而碳酸饮料中含有大量糖分，糖被口腔中的细菌利用又产生酸性物质，使龋齿发生或者加速龋化。如果碳酸饮料饮用的频率高、速度慢、将饮料含在口腔内时间长、睡前饮用多，饮料对牙的危害程度将明显增加。

可乐、汽水等碳酸饮料中含有大量的糖分，这是孩子蛀牙的一个重要原因。长期饮用碳酸饮料不但腐蚀牙齿，不利于消化，而且会影响孩子的食欲，破坏体内微生态平衡，导致钙吸收率下降，严重影响孩子的生长发育。

乳酸饮料不是乳酸菌饮料，属于发酵型乳酸饮料，这种饮料大多是调味剂和微量元素调制而成，其中含有蛋白质、钙等营养成分极少。乳酸饮料更不能代替奶制品，因为它不是酸奶（100 克酸奶中蛋白质含量大于 2.9 克），蛋白质含量低，100 克仅含 1—1.5 克。乳酸饮料中的糖、乳酸或柠檬酸、香料、防腐剂会影响孩子的食欲，使孩子越喝越营养不良。

结论

大量饮用碳酸饮料、功能饮料和乳酸饮料对身体都会有影响，造成龋齿，甚至影响孩子的生长发育，建议不要给孩子喝。妈妈们可以选用新鲜水果鲜榨而成的果汁，或不含任何防腐剂、香精、香料的高品质果汁来代替。但是，1 岁以内的孩子不要饮用果汁，1—3 岁每天饮用果汁不超过 120 毫升，4—6 岁每天果汁饮用量 120—180 毫升。

---

① 数据来源 :http://www.oralanswers.com

忠言逆耳，可乐爽口。即使不能避免喝碳酸饮料，那也要控制喝的量和频率，最好采用吸管吸的方式喝饮料，这样可以减少饮料与牙齿表面的接触时间。另外喝完后要漱口，减少碳酸饮料在牙齿表面的残留，饮用碳酸饮料后至少隔半个小时再刷牙，避免牙齿硬度变低后刷牙导致二次损伤；同时尽量选用含氟牙膏，促进脱矿牙齿的再矿化，减少龋齿的发生。

维生素 C 可以预防和治疗感冒，平时要多吃？

有人说，在感冒流行季节，给孩子大剂量补充维生素 C 可以预防感冒。

真　相

不建议让孩子每天吃大量维生素 C 来预防和治疗疾病

指导专家：张思莱
（新浪母婴研究院金牌专家、儿科专家）

有些宝宝的抵抗力较弱，容易感冒，妈妈们就问宝宝容易生病是否跟缺乏维生素 C 有关，因为常常听到关于维生素 C 可以预防感冒的说法。维生素 C 是人体不可缺少的营养素不假，它对提高机体抵抗力也有一定作用，但是能否以此推出维生素 C 可以预防感冒呢？

维生素 C 是最具争议性的一种维生素。从作用上来说，维生素 C 是人体维持正常生理机能的必需营养素。因为维生素 C 是强还原剂，具有抗氧化作用，能清除体内的自由基，保护体内组织器官不受损，而且还对铁的吸收起着绝对性的作用。饮食中如果缺乏维生素 C，早期表现为轻度疲劳，进而引起坏血病，表现为毛囊过度角质化，带有出血性瘀斑瘀点、牙龈出血、眼球结膜出血、关节疼痛等。

但是，大多数人并不缺乏维生素C，如果补充过量，不但起不到保健作用，反而还会对身体有害。例如，过量摄入维生素C可能引起恶心、腹部痉挛、腹泻、骨骼矿物质代谢增强、妨碍抗凝剂的治疗、铁的过量吸收、红细胞破坏、血浆胆固醇升高，同时促进草酸盐代谢，增加形成泌尿道结石的可能性，并可能形成大剂量维生素C依赖症。

目前，很多人每天补充维生素C来预防感冒或其他疾病，可是事实上，并没有科学依据证实维生素C能够预防疾病。有说法认为在感冒一开始时补充比较多的维生素C可以缩短感冒的时间，但是并没有在儿童身上做过这方面的研究。因此，不建议通过给孩子每天吃大量的维生素C来预防和治疗疾病。

人体自身不能合成维生素C，必须从饮食中获取。维生素C主要来源于新鲜的蔬菜和水果，如果经常吃足量的多种蔬菜和水果，注意合理烹调（经过炒、熬、炖，维生素C大约损失30%），人们一般不会缺乏维生素C的。也就是说，只要宝宝食品种类多样化，每天保证宝宝新鲜蔬菜水果的摄入，就不需要额外补充维生素C。

而对于预防感染，无外乎隔离传染源和提高自身免疫力两种途径。对于免疫功能正常的人群来说，只要勤洗手、常锻炼、健康饮食、注意个人卫生、感冒高发季节做好防护，不用刻意补充维生素C也能远离感冒。如果真的不幸患了感冒，亦可通过多喝水、多休息、适当服药的方式缩短病程，减少痛苦，没必要额外补充维生素C。

吃胎盘补血效果好？

"哎哎哎，二姑家女儿生啦，把那胎盘拿来给牛牛补补呗，瞧他那瘦样儿，一看就是贫血！"妈妈在厨房大声嚷嚷。家乡流传一种说法：胎盘中铁元素丰富，所以贫血的宝宝可以通过吃胎盘补充铁元素。如果小孩子体弱多病，吃了胎盘，免疫力就能提高。不知道这些民间偏方是否可信？

真 相

不科学，所有的人体血液制品，
能不吃的都不要吃

指导专家：张思莱

（新浪母婴研究院金牌专家、儿科专家）

虽然胎盘中的血红素铁确实含量不少，但人类胎盘属于医疗过程中产生的废弃物，由于胎盘和母体相连，如果孕妇本身有一些可以通过血液传播的疾病，病原体很可能也会污染胎盘，比如麻疹、乙肝、艾滋病、梅毒等，都会带来安全隐患。乙肝患者的胎盘内有乙肝病毒，如果恰巧手部有伤口，接触胎盘也可被乙肝病毒污染手部。即使孕妇是完全健康的，胎盘上也会携带多种细菌。

此外，胎盘经过高温等方式制作后只剩下与普通肉类差不多的一些脂肪、蛋白质等。与胎盘相比，其他肉类食物如猪肉、羊肉、牛肉等均有丰富的铁质，并且后者供应充足，卫生更有保障。所以吃胎盘补血效果好的说法不科学。所有的人体血液制品，能不吃的都不要吃。

如何预防缺铁性贫血？

7—12 个月龄的婴幼儿需要的铁 99% 是从辅食中获取的。孩子 1—4 岁时，铁的需求量大约为每天 1 毫克，几乎接近成年男子的需求量。4 岁以后，孩子的膳食要保证多样化、均衡营养。铁的主要食物来源有黑木耳、干紫菜、芝麻酱、鸭血、黑芝麻、猪肝、口蘑、扁豆、豆腐皮、海参、虾米、猪血等。其中动物性食物含的是血红素铁，其吸收率较高，为 15%—35%；而非动物性食品含有的非血红素铁吸收率仅为 5%。

所以建议平时注意适量补充富含血红素铁的动物性食品，保证营养均衡，孩子就不会缺铁性贫血。

吃哪儿补哪儿的说法，真有科学依据吗？

日常生活中，我们经常会听到这样的说法：吃哪儿就会补哪儿，这真的有科学依据吗？

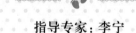

真 相

吃哪儿补哪儿没有科学依据，应均衡膳食，日常饮食多样化

指导专家：李宁

（北京协和医院营养科营养师、副教授）

我们日常摄入的营养物质，需要消化、吸收，经过这个过程，这些营养物质就变成了营养素的单体，比如蛋白质变成氨基酸，碳水化合物变成葡萄糖等，这些单体在体内根据需要再进行"组装"，合成自身需要的物质。我们吃进去的食物，无论原来属于动植物的哪个部分，消化完成后都会变成单体的原料，至于身体如何用这些原料进行"组装"，则与吃进去的部位无关。

比如，我们无论进食的是动物的心脏、肝脏还是肾脏，其中的蛋白质经过消化后都分解成氨基酸、脂肪都分解成脂肪酸再被人体吸收，这些氨基酸和脂肪酸并没有什么不同。因此，吃哪儿补哪儿的说法没有科学依据。

结论

父母在对孩子的日常饮食上，最关键的还是要均衡膳食，食物多样化，什么都吃一些，不要一味地为了补肝补肾而狂吃某种食物。

道听途说

冲奶粉不能用自来水，只能用矿泉水、纯净水？

冲奶粉到底该用什么水？一些父母认为，自来水里的消毒粉、杂质比较多，用矿泉水、纯净水冲奶粉似乎更健康，这样做对吗？

真 相

给宝宝冲奶粉最好用普通的自来水，煮沸晾凉即可

指导专家：张思莱

（新浪母婴研究院金牌专家、儿科专家）

在日常饮用水中，我们一般用的是矿泉水、纯净水和自来水，这三种水在成分上有所区别，并不是每种水里面的微量元素和矿物质都适合婴儿。

矿泉水里含有锂、锶、锌、碘、硒等20多种微量元素和矿物质，有的还含有比较丰富的宏量元素，如富含镁、锰、钾、钠等离子。市面上的矿泉水都是针对成人的，里面的元素含量和比例并不适合婴儿，不见得是孩子发育所需要的。

长期大量饮用矿泉水，会增加肾脏负担。过多的矿物质还会在体内

积蓄，形成结石。更何况，目前的矿泉水大都是桶装或者瓶装，存在着二次污染的问题，也不安全。

纯净水是通过蒸馏、反渗透等技术来净化原水的，而在去除有害物质的同时，也去除了几乎所有对人体有益的微量元素和矿物质。它是不含任何杂质、无毒无菌、易被人体吸收的含氧活性水。纯净水不能满足婴幼儿生长发育对矿物质的需求，所以也不宜用于冲奶粉。

结 论

冲奶粉最好使用卫生达标的自来水。

我国对生活饮用水有较严格的标准。如果确定本地自来水水质比较好，其矿物盐含量符合国家标准，水质不太硬，家长完全可以放心地使用经过科学处理、卫生达标的自来水冲奶粉。注意一定要煮沸后使用。

不过，反复煮沸的水不适于冲调奶粉，因为反复煮沸的水会产生大量的水垢，而水垢中不但含有钙、镁，还含有对人体有害的亚硝酸盐以及重金属物质，如镉、铝、砷、汞等，对人体是有害的，尤其对婴幼儿更有害。经常食用反复煮沸的水可能引起消化、神经、泌尿和造血系统的病变。

目前发达国家有专供婴幼儿的包装饮用水。我国市面上也已经有了婴幼儿专用饮水，灭菌且矿物质含量符合婴幼儿的肾负荷，钠的含量≤ 20毫克／升，不过价格比较昂贵。

疾病健康篇

进口疫苗比国产疫苗好，再贵我也要打？

一些妈妈认为，进口疫苗虽然贵，但效果好，安全无副作用，不用担心宝宝没得到疫苗提供的免疫保护，反而患上相应疾病。为宝宝的健康及安全考虑，疫苗还是都选进口的比较放心。

真 相

从防病效果来说，差别并不大

指导专家：张思莱
（新浪母婴研究院金牌专家、儿科专家）

一般在给孩子接种疫苗时，医生会问，是打进口的还是国产的。进口的疫苗往往比国产的贵很多，有些家长心中就会有疑惑，是不是进口的疫苗比国产的好？国产和进口的疫苗区别在哪里呢？

目前，在国内上市的疫苗种类有 33 种。这些疫苗中，19 种只有国产的，2 种只有进口的，剩下 12 种既有国产的又有进口的。如何选择疫苗已经成为一个让人头疼的问题。其中最让人纠结的一个问题是：疫苗，选国产的还是进口的？

从疫苗的防病效来说，进口疫苗和国产疫苗的差距并不大，顶多是

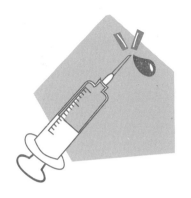

97分与95分的区别而已；从安全上来说，不管是国产还是进口的疫苗，都经过了高标准的重重检验才予以上市，只是再安全的疫苗也可能存在不良反应，进口疫苗同样如此。

从价格上来讲，两者差距就很大了，很多人之所以在进口疫苗和国产疫苗中纠结，是因为进口疫苗的价格明显高一些，同样一种疫苗如果你选择进口疫苗的话，或许要花上国产疫苗翻倍甚至数倍的价格。到底有没有必要多花这些钱选择进口的呢？

两者在价格上的巨大差异，主要是因为选择疫苗毒株和培养工艺不同，使其产生的抗体数量会有不同。另外，保护期的时间长短、副反应的大小等方面也都有区别。例如，我国产的脊髓灰质炎疫苗是口服的减毒活疫苗糖丸（OPV），而进口疫苗是灭活脊髓灰质炎病毒的针剂（IPV）。糖丸（OPV）针对人群传播脊髓灰质炎预防效果更好，不需要注射，免除孩子接种时的痛苦。但是由于该疫苗是减毒活疫苗，对于个别孩子（如有免疫缺陷病的孩子）具有一定的危险性，每240万人中就有一个因吃糖丸而染上脊髓灰质炎。

为了婴幼儿的绝对安全，专家建议使用灭活的针剂（IPV）进行免疫,绝对不会引起相关的麻痹型脊髓灰质炎。目前我国对脊髓灰质炎疫苗接种采取的程序是:第一剂是灭活的针剂(IPV),后两剂是口服的脊髓灰质炎减毒活疫苗滴剂(简称"bOPV")。但是,如果孩子对新霉素和链霉素过敏,则建议口服脊髓灰质炎减毒活疫苗滴剂,因为针剂在生产过程中使用了新霉素和链霉素。

结 论

不管是进口还是国产的疫苗,都经过国家严格的检验,都是安全有效的。建议妈妈们在给宝宝选择疫苗时量力而行,要考虑到家庭的经济能力,是否能承担进口疫苗昂贵的价格。如果你真的不缺钱,选择进口疫苗无可厚非;如果你不想多花冤枉钱,那就选择国产疫苗吧,毕竟养娃费钱着呢!

另外,在给宝宝接种进口疫苗前应先咨询医生,看宝宝的体质是否适合。不同的宝宝,接种疫苗后的副反应有所差异。

道听途说

自费的二类疫苗根本不用打？

有人说，国家区分一类疫苗和二类疫苗，是因为一类疫苗比二类疫苗重要，二类疫苗不接种问题不大，所以不强制接种。宝宝打了一类疫苗就好了，二类疫苗没有必要打，打了也是花钱买罪受。

真 相

接种二类疫苗可让宝宝获得更广泛的保护

指导专家：张思莱
（新浪母婴研究院金牌专家、儿科专家）

什么是一类疫苗、二类疫苗？

目前，我国根据国家财政状况和防病规划将疫苗划分为两类，一类疫苗和二类疫苗。一类疫苗就是指政府免费向公民提供，公民应当依照政府的规定受种的疫苗，包括国家免疫规划确定的疫苗，省、自治区、直辖市人民政府在执行国家免疫规划时增加的疫苗，以及县级以上人民政府或者其卫生主管部门组织的应急接种或者群体性预防接种所使用的疫苗。

一类疫苗属于计划内疫苗，除了具有医学情况不能接种的人外，儿童是必须要接种的。按照国家扩大免疫规划的要求，儿童在 7 岁以内要完成一类疫苗 11 种，包括乙肝疫苗、卡介苗、脊灰减毒活疫苗、百白破联合疫苗、麻风疫苗，麻腮风联合疫苗、甲肝疫苗、流脑疫苗、乙脑疫苗等。

　　二类疫苗，即扩大免疫疫苗，包括水痘疫苗、流感疫苗、b 型流感嗜血杆菌结合疫苗、肺炎球菌疫苗、轮状病毒疫苗等。家长可以根据孩子的身体状况和自己的经济实力自费选择接种。

一类疫苗和二类疫苗的划分不是固定的

　　一类疫苗和二类疫苗的划分不是固定不变的，比如甲肝疫苗、麻腮风疫苗，在 2007 年以前它们都曾经是二类疫苗，但随着国家经济实力的提高，这两种疫苗现在都成了一类疫苗。今后也会有越来越多的二类疫苗变为一类疫苗。

　　目前虽然区分一类疫苗和二类疫苗，但并不是因为二类疫苗不重要。二类疫苗也是预防相应疾病的疫苗，比如说水痘、流感、肺炎等，这些疾病都会严重威胁孩子的健康。

　　在一些发达国家和地区，二类疫苗已经实现免费接种，但是我国还是一个发展中国家，且人口众多，现阶段不可能做到将全部疫苗都实现免费接种，所以区分出免费疫苗和自费疫苗。

　　随着国家财力的不断增加，一类疫苗已经扩大到目前的 14 种，一些省（市、区）根据自己财政情况还将一些二类疫苗实现了免费接种，如流感疫苗、23价肺炎多糖疫苗。相信以后会有更多的二类疫苗转为一类疫苗，实现免费接种。

接种二类疫苗可让宝宝获得更广泛的保护

从科学的角度来讲，接种二类疫苗，孩子可以获得更广泛的保护。建议儿童优先接种的二类疫苗顺序，依次为 HviB 疫苗、肺炎疫苗、流感疫苗、水痘疫苗、流脑 AC 结合疫苗、流脑 4 价多糖疫苗、轮状病毒疫苗、霍乱疫苗。

一类疫苗、二类疫苗的划分只是国家在费用上、管理上有所区别，但是在科学上是没有差别的。一类疫苗当然是必须接种的，而接种自费疫苗可以让宝宝获得更广泛的保护。如果你的经济条件允许，二类疫苗也尽可能地带宝宝去接种吧。

道听途说

发烧是一种病，对身体有害？

宝宝发烧了！家长们一看到宝宝发烧就担心不已，觉得发烧是很严重的疾病，对宝宝身体危害很大！

真 相

发烧不是一种疾病，是人体的一种防卫反应，孩子发烧，首先要明确病因

指导专家：廖莹

(北京大学第一医院儿科主治医生)

人与所有的哺乳动物一样，身体都具有完善的体温调节机制。当内外环境发生变化的时候，人体位于下丘脑的体温调节中枢能接受来自身体周围的冷、热神经感受器的信息，通过调节自身的产热或散热过程，使得人体体温保持恒定。人体腋下正常体温在36℃—37℃。体温升高超过正常范围就称为发热（俗称发烧）。

宝宝发烧很常见，年龄越小，体温调节能力越差，再加上宝宝的体表面积相对大，皮肤汗腺发育不健全，所以宝宝的体温很容易波动。宝

宝正常腋下体温为 36℃—37.4℃。37.5℃—38℃ 为低烧；38℃—39℃ 为中等程度发烧；高于 39℃ 为高烧。

引起宝宝发烧的原因最常见的是感染，其中以呼吸道感染最为多见，如上呼吸道感染、急性喉炎、支气管炎、肺炎等；其次为小儿消化道感染，如肠炎、细菌性痢疾；其他如泌尿系统感染、中枢神经系统感染；一些出疹性疾病，如麻疹、水痘、幼儿急疹、猩红热等也是发烧常见的原因。一些非感染疾病也可以导致发热，比如川崎病、风湿热等。

所以，发烧不是一种疾病，只是疾病的一个症状。医生也表示，发烧本身对人体是没有害处的。它是机体对外来病原的有效免疫反应，是对身体的一种自我保护反应。

一方面，发烧可以增强孩子的抵抗力，因为孩子在发烧时，体内的免疫细胞和免疫因子的活性提高了，在某种程度上增强了身体对感染的抵抗能力。另一方面，发烧能抑制部分病原体。大多数感染人的病原体适宜的存活温度是 37℃ 左右，而当孩子受感染后身体产生一系列反应，体温升高可破坏病原体适宜的温度，在一定程度上有助于抑制部分病原体，通常是对身体有好处的。

此外，美国过敏和传染病国家研究所发表的一篇研究报告称，发烧的好处非常多，比如出生头一年经历过发烧过程的新生儿比那些没有发过烧的新生儿，在幼年时期患过敏的概率大大降低。研究人员检查了 835 名儿童从出生到 1 岁期间的医疗记录，发现 1 岁前从未发过热的儿童中，有一半在 7 岁前发生了过敏反应；在那些发过一次热的儿童中，7 岁前发生过敏反应的比例是 46.7%；在那些发热两次以上的儿童中，这一比例降到了31%。

　　宝宝发烧虽然并不是坏事，但家长还是不能掉以轻心，毕竟对于宝宝来说，发烧不是一件舒服的事。如果宝宝发烧过久，体内调节功能失调，如对体液的需求量增加，同时心率和呼吸加快，则会对孩子的健康造成威胁。6个月至5岁的孩子由于高烧——体温高于39℃——可出现热性惊厥，所以对孩子发烧应引起重视，必须要及时处理。

　　如果发现孩子发烧的同时精神差，持续高热或反复发热，出现皮疹、无法进食或有脱水表现，有惊厥或以前有过惊厥史的，要及时送医。如果孩子刚开始发烧，精神状态良好，活动不受影响，即便体温达到38.5℃，也不必马上送医，在家对症做些处理，一般都能平安度过。

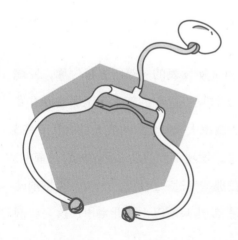

道听途说

发烧会"烧坏脑子"？

家长常常担心宝宝发烧，温度会一直升高。民间有一种说法，孩子发高烧会烧坏脑子！孩子发烧真的会烧坏脑子吗？

真 相

发烧本身不会烧坏脑子，重点在于找到原因，要特别警惕儿童中枢神经系统感染

指导专家：廖莹
（北京大学第一医院儿科主治医生）

一般来说，大家所说的"发烧烧坏脑子"是指，发烧很严重以至于发烧后出现智力减退，出现失聪、失明、瘫痪等情况。专家表示，发高烧本身是不会使"脑筋变坏，智能变差"的，以往有这样的误解，是因为医疗知识尚未普及，发高烧背后的原因没有区分清楚。

没有任何研究和临床表明发烧本身会恶化病情或"烧坏脑子"，但许多家长可能会反驳，某某家的娃，之前就是因为发烧，现在小孩变得傻傻的，那不就是"烧坏脑子"了吗？

专家表示，可以肯定地说发烧不会烧坏脑子。发烧是孩子抵抗力正常的一个表现，它本身是不会烧坏脑子的，但是如果引起发烧的这个病是由于神经系统的疾病引起，那可能会引起中枢神经系统的后遗症。发烧是人体的自然防御措施，它很常见，本身并不会"烧坏脑子"。只有脑炎、脑膜炎等疾病使脑实质或脑膜本身受病原体（病毒、细菌等）破坏才会伤及智力或感官机能，而非发烧把人烧笨、烧聋了。儿童出现高热、意识障碍时，医生首要考虑是否为儿童的中枢神经系统感染。

此外，热性惊厥也会出现在发烧的宝宝身上，常见的年龄一般是6个月到5岁之间。这个年龄段的宝宝神经系统的发育没有完全成熟，在体温比较高的时候，可能会出现我们俗称的"抽风"这种表现。具体症状就是孩子可能会意识突然丧失、脸色发青、嘴唇发紫、手脚僵硬或抖动。通常5分钟内会停止，对宝宝没有太大影响。但是如果这种抽搐发作持续超过5—10分钟，是需要及时就诊的，避免脑损伤。

结论

发烧的重点是"到底得了什么病""这个病会不会影响到脑子"，而不只是单一的温度问题。如果宝宝患了脑炎，就是38℃也能烧坏脑子；如果宝宝只是单纯得了感冒，即使高烧到41℃也不会烧坏脑子。

专家强调，婴幼儿体温调节中枢稳定性不如成人，轻微的病毒感染也可能高烧40℃，发烧时家长只要知道如何处理，至于诊断病因应该交给专业的医师，不必过分忧心。

根据统计，不论是什么原因引起的发烧，宝宝体温很少超过41℃，如果超过这个温度，罹患细菌性脑膜炎或败血症的可能性比较高，应特别警觉。至于脑细胞所能耐受的高温极限，可能必须到 41.7℃，细胞蛋白质才会因高温变质，造成不可回复的损伤，这种极端的高温，很少伴随疾病发生，临床上唯有对麻醉过敏，引起恶性发烧才可能达到如此高温。

如何警惕儿童脑炎？

　　脑炎又可分为病毒性脑炎（如乙型脑炎）、细菌性脑膜炎（如流行性脑膜炎）、结核性脑膜脑炎等。脑炎是一种可防、可治的疾病，易感人群为3—6岁儿童，因此，儿童要按照计划免疫流程及时接种疫苗。一旦儿童出现发热伴意识障碍及抽搐，家长要警惕是否为脑炎，尽快带孩子到医院就诊。

道听途说

宝宝发烧，"捂汗"就能退烧？

有很多大人会用"捂汗"的方法来帮助孩子退烧，认为孩子出了一身汗，体温就会降下来。还有人说："我发烧就是这么干的，捂一身汗，睡一觉醒来什么事都没有了！"

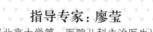

真　相

这种做法是不科学的。将孩子包得严严实实反而会影响机体散热，使体温上升

指导专家：廖莹
（北京大学第一医院儿科主治医生）

家长一般都倾向于给宝宝多穿，特别是老人，唯恐宝宝着凉。实际上，孩子的新陈代谢比成人旺盛，更有活力，穿衣过多，不但会使孩子不舒服，出汗后遇到冷空气更容易着凉。

捂汗只能缓解着凉感冒初期的发烧症状，这时人的身体由于寒冷入侵，出现寒战反应，会明显感到身体发凉，只有多穿衣服或多盖被子才能感到更舒服，这时适当捂一下是可以的。但在丰衣足食、宝宝有专人

细致照顾的今天，真正因为风寒着凉的宝宝其实并不多。如果是病毒感染或细菌感染引起的感冒，却用"捂汗"的方式来处理，效果只能是适得其反。

此前，重庆有一名1岁6个月大的女宝宝出现了低烧的情况，体温稍高于37℃，孩子的外婆采用"捂汗"的方式帮助孩子退烧。结果妈妈下班后发现女儿嘴唇发紫，身上全是汗，像是从水里捞出来的一样。这才发现孩子身上穿了一件毛衣，脚上穿着毛线袜，还盖了两床厚厚的棉花被，被子都被汗水浸透了！妈妈赶紧把女儿送到医院急诊科，经过医生的一系列检查和救治，孩子才慢慢醒了过来。如果不是宝妈及时发现，宝宝真有可能被捂出更严重的问题来。

当宝宝发烧时，对婴儿首先采取的措施应该是在适宜的室温环境下散包降温，脱掉多余的衣物，通过皮肤散热使体温尽快地下降，而不是捂热，通过发汗降温。因为婴儿体温调节中枢功能不完善，汗腺尚未发育成熟，不能通过过厚的衣物捂盖刺激汗腺分泌汗液降温，衣被过多反而会使体温持续上升，大量出汗也可能导致脱水。

如何判断宝宝冷热？

判断宝宝的冷热别只摸手脚，因为宝宝发烧时，末梢循环变得较差，手脚摸起来可能会有些凉凉的，但这并不是因为孩子穿得不够多。特别是在冬季，露在外面的四肢并不能准确传达真正的体温。判断宝宝的冷热比较准确的方法是摸脖子后颈背部结合处，如果这里温暖干燥，说明孩子冷热合适；如果潮湿多汗，说明太热了。此外，如果宝宝脸色稍显青紫，说明太冷；如果脸色潮红，就是太热了。

道听途说

宝宝发烧，用酒精擦浴效果更好？

宝宝发烧妈妈很着急，于是就急急忙忙地想办法降温退烧。有的老人让妈妈给孩子用酒精擦身，因为酒精挥发极快，可以快速带走热量，也就达到退烧的目的了。这是正确的做法吗？

真　相

世界卫生组织在20世纪90年代就不主张用酒精擦浴进行退热处理

指导专家：廖莹
（北京大学第一医院儿科主治医生）

世界卫生组织研究证明在发烧时（体温为38℃—41℃）用酒精擦浴降温是不科学的，这样做违反了生理的体温调节机制，不仅无效，还可能使患儿发生颤抖，加重不适感，酒精吸收入血还可能导致多脏器功能的损害。所以，世界卫生组织在20世纪90年代就不主张用酒精擦浴进行退热处理。

首先，从宝宝皮肤的结构说起。因为宝宝的体表面积相对较大，皮肤薄嫩通透性较强，角质层发育不完善，皮下血管相当丰富，血液循环较为旺盛，发烧处于高温持续状态时全身毛细血管处于扩张状态，毛孔张开，对涂在皮肤表面的酒精有较高的吸收和透过能力。这就意味着，在同样的部位涂抹某种药物，宝宝吸收的药量要比成人多。

因此给婴幼儿擦拭酒精，酒精更容易被吸收。如果酒精擦浴时间较长，擦拭面积又大，致使酒精经皮肤大量吸收入血，婴幼儿肝脏功能发育不健全，容易产生酒精中毒。

另外，酒精是脂溶性物质，可快速通过血脑屏障和神经细胞膜。过高浓度的酒精会造成脑及脑膜充血水肿，引起精神兴奋，出现烦躁不安、恶心、呕吐、呼吸困难等酒精中毒症状。严重者可使孩子因呼吸麻痹、重度缺氧而死亡。

此外，酒精挥发得快，使得体表迅速降温，孩子可能全身颤抖，产热增加，使体温再次升高。酒精擦浴和过凉的冷水擦浴的寒冷刺激一样，都可以引起外周血管收缩，毛细血管压力增加，加重了原有低氧血症的影响。有些孩子可能会对酒精过敏，而引起全身不良反应，如皮疹、红斑、瘙痒等。个别孩子因酒精擦浴兴奋迷走神经，可引起反射性心率减慢，甚至引起心室纤颤及传导阻滞而导致心搏骤停。

结论

用酒精擦浴并不科学。降温的关键是针对原发病进行治疗，当原发病得到治疗，发热自然也会得以控制。

宝宝发烧，正确采用物理降温法

1. 洗温水澡，洗后及时裹上浴巾，擦干身体，穿上适当厚度的衣服。

2. 使用温湿毛巾擦全身，尤其是大血管流经的位置，如颈部、腋下、腹股沟等部位，擦至皮肤发红为止。

3. 头枕冰袋或冷湿敷法。用冰袋应注意局部勿冻伤；最好冰袋外面用布（布套）包裹；注意冰袋有无漏水，冰袋使用后 30 分钟测体温，体温降至 38.5℃ 以下时可取下冰袋。冷湿敷是将小毛巾在有冰块的盆内浸湿，拧毛巾至不滴水为适度，放在前额（也可置于腋下），适时更换，共 20—30 分钟。以患儿的体感舒适为目的，如感到明显不适，应及时终止。

发烧就应该马上吃退烧药？

有人说，宝宝发烧很危险，不采取措施温度就会一直上升，应该趁着体温还不算太高的时候退下去，一定要吃药，不然好不了。

真 相

一般来说，孩子的体温在38.5℃以下，建议还是以物理降温为主；超过38.5℃才在物理降温的同时考虑吃退烧药

指导专家：廖莹
（北京大学第一医院儿科主治医生）

宝宝容易生病，尤其遇到流感高发期，孩子一发烧，很多家长就显得非常紧张、焦虑、不知所措，他们总担心发烧会烧坏宝宝的脑子，于是，想方设法恨不得马上就将孩子的体温降下来，甚至在体温还不算太高的情况下，就急着喂退烧药、打退烧针等，最好是能达到立竿见影的退烧效果，其实，这些做法是不太科学的。

发烧是身体在调动自身的免疫系统，让它更好地工作，以对抗感染，这是孩子利用自身免疫力对抗病毒的一个表现。在对抗感染的过程中，孩子的免疫力也会不断提高。如果采用过激的方式来退烧，反而不利于孩子的健康。

专家提示，使用退烧药只是治标的一个医疗手段，而且退烧药使用后要想达到稳定的、完全退烧的目的是需要一定时间的，只有抑制或者杀灭引起发热的病原体，孩子才可能完全退烧。所以，家长千万不能因着急而频繁地给孩子使用退烧药或反复带孩子去医院就诊。

目前，世界卫生组织不建议给 2 个月龄以下的孩子使用退烧药，可以采用物理降温。一般来说，孩子的体温在 38.5℃以下，我们建议物理降温为主，超过 38.5℃才考虑在物理降温的同时吃退烧药。

市面上的退烧药品种繁多，家长在选用时，最好选用儿童剂型的退烧药，尤其是婴儿，可以选用一些滴剂类的退烧药。在使用退烧药的过程中，家长也要注意，如果服用退烧药后孩子体温还是没有降下来，也不能马上再用一次退烧药或者更换其他退烧药，要间隔 4—6 小时之后才能再次服用退烧药，同时，也要多喝水，以利于降温，防止大量出汗引起脱水。

孩子发烧时，怎样做有利于孩子康复？

1. 减少衣被包裹，加快体表散热。减少衣被包裹可以让全身的皮肤都在散热，能让孩子更舒服。

2. 多休息，多喝水。多休息是身体恢复和抗病的基础，此外多喝水可以加快体内的新陈代谢，利于缓解疾病症状。

3. 科学服用儿童退烧药。常见的儿童退烧药有对乙酰氨基酚和布洛芬，这两种退烧药对孩子的副作用较小，使用剂量应遵从医嘱。

4. 保持室内通风。勤开窗通风透气，能减少室内空气中病菌的密度，更利于孩子疾病的康复。尤其是宝宝患上呼吸道感染时，更要注意这一点。

5. 多测量宝宝的体温，观察宝宝的精神状态。注意监测，如果宝宝有反复发烧的情况，要及时复诊。

咳咳咳，小心咳嗽引发肺炎？

孩子咳嗽了，一些家长紧张焦虑，担心宝宝肺嫩，会不会咳成肺炎。孩子一感冒，全家总动员，甚至要求医生给孩子输液——"不然会得肺炎的！"

真 相

咳嗽并不能引发肺炎，
而是肺炎可以引发咳嗽

指导专家：张思莱
（新浪母婴研究院金牌专家、儿科专家）

什么是咳嗽？

咳嗽是人体一种防御性反射动作，可以排出异物，防止支气管分泌物的积聚，清除分泌物，避免呼吸道继发感染。咳嗽是一种症状，而不是一种疾病；很多疾病都会引起宝宝咳嗽，如上呼吸道感染（感冒）及下呼吸道感染（支气管炎、肺炎），气道的异物吸入，哮喘（通常会造成呼吸困难）等。根据病程可分为急性咳嗽、亚急性咳嗽和慢性咳嗽。

什么是肺炎？

小儿肺炎是婴幼儿时期的常见病，以冬、春季多见，是婴幼儿死亡的常见原因。肺炎就是宝宝肺部被（病毒／细菌）感染，从而出现咳嗽、发烧、呼吸增快、呼吸困难或呼吸时胸部疼痛、嘴唇和甲床青紫等症状，小宝宝常见拒食、呛奶、呕吐或烦躁不安等症状。

当然，宝宝患肺炎时并不是上述所有的症状都会出现，如果宝宝咳嗽剧烈，高热不退，精神不好，呼吸急促，那宝宝很可能患上了肺炎。

咳嗽会咳成肺炎吗？

从上面的咳嗽和肺炎的定义来看，咳嗽是不会咳成肺炎的，但肺炎会引发咳嗽，咳嗽只是肺炎的一个症状而已。对正常人来说，偶尔咳嗽是正常的，能保持喉咙和呼吸道清洁。引起肺炎的原因有很多，如病菌、病毒、细菌样微生物、真菌等，咳嗽并不会咳出肺炎来。

如何帮助宝宝缓解咳嗽症状？

尽量让宝宝多喝点水；天气干燥的情况下，在宝宝的房间用加湿器；如果宝宝入睡时咳个不停，可将其上半身和头部抬高，咳嗽症状会有所缓解。

咳嗽如何治疗？

通常情况下，病毒性感冒引起的咳嗽，不需要吃抗生素；6 岁以下的孩子不要使用止咳药，就算 6 岁以上的孩子，也尽量少用。需要注意的是，一些止咳药常常含有镇咳药（通常含有可待因或右美沙芬），因咳嗽本身就是机体的防御性反射，可以清除气道由感染引起的过多分泌物，用镇咳药后分泌物更不容易排出。

宝宝咳嗽在什么情况下需要看医生？

对于长期咳嗽的孩子应该去医院就诊，找出引起咳嗽的病因，对症处理。已经明确诊断、在家观察治疗的孩子，如果发生呼吸困难，同时伴有胸痛喘鸣、高热、口唇发绀也应及时再次就医。对于孩子在进食过程中或玩玩具时突然发生的呛咳，应该赶快就诊，确诊是否有气管异物，不要贻误抢救时机。

宝宝肺炎如何预防？

家长要保证孩子的营养，预防孩子发生贫血、佝偻病和营养不良，让孩子养成良好的饮食习惯和卫生习惯。每天注意通风换气，让孩子多做一些户外活动，平时注意进行"三浴①"训练，增强孩子的体质。另外，疫苗接种可以有效降低相对应的病原微生物引起的小儿肺炎的发生率，家长应按时给孩子接种疫苗，包括一类和二类疫苗。

咳嗽本身是一个症状，它是人体自我保护的一个机制，通过咳嗽，可以把呼吸进去的脏东西排出来。如果生病早期即止咳，反而导致气管和肺部的这些脏东西排不出来，有可能加重病情。一定要明白，咳嗽并不能引发肺炎，而是肺炎可以引发咳嗽。

---

① 即空气浴、日光浴和水浴。

道听途说

大便偏稀就是腹泻？

很多新手妈妈看到宝宝大便次数多一些，大便稀一些，就会觉得宝宝应该是腹泻了，得赶紧治疗，事实是这样吗？

真 相

大便偏稀不一定就是腹泻，
大便的性状比次数更重要

指导专家：张思莱
（新浪母婴研究院金牌专家、儿科专家）

腹泻是由多病原、多因素引起的以大便次数增多和大便性状改变为特点的消化道综合征，在儿科很常见。

3 岁以下的婴幼儿非常容易患腹泻，因为婴幼儿消化系统发育不成熟，消化酶和消化液分泌较少，消化酶活力较差，不能适应所进食物的质和量的变化。婴幼儿时期是人的一生中生长发育最快的时期，需要大量的营养物质，因此消化道处于高负荷状态，很容易发生消化功能紊乱。另外，婴幼儿胃酸酸度低，胃排空快，不能有效阻止进入胃中的病原体，再加上免疫机制不健全，因此很容易发生肠道感染而导致腹泻。

腹泻是指粪便水分及大便次数异常增加，通常24小时之内3次以上就可以视为腹泻，但也不是绝对的。"变稀"和"次数增多"是腹泻的特点，判断宝宝有没有患腹泻并不是依据每天的排便次数和性状，而是依据排便次数增多和大便性状的改变状况。比如有很多孩子正常排便次数就要多于3次，所以医生在判断的时候，会询问孩子日常情况，如果排便的次数差不多是平时的2倍，那就肯定是腹泻了。此外，大便的性状比次数更重要，必须要有性状改变才是腹泻，多次排出成形大便不是腹泻。

需要注意的是，很多纯母乳喂养的宝宝都会大便偏稀，次数相对多，有的纯母乳喂养的宝宝可能每天排便6—12次，如果宝宝进食正常，生长正常，大便化验正常，我们称为"生理性腹泻"，是正常情况，不需要治疗，一般开始添加辅食后，就会自动消失。

这是因为母乳中富含特殊的碳水化合物——低聚糖，也就是纤维素，具有"轻泻"作用，再加上纯母乳喂养的宝宝的肠道中双歧杆菌占优势，所以纯母乳喂养的宝宝大都大便偏稀，次数偏多。有一些专家认为这可能与母乳中的前列腺素E2（PGE2）含量过高有关。PGE2可促进胃肠蠕动及水、电解质代谢，孩子胃肠功能尚未发育成熟而出现腹泻。但这绝不是母乳的缺点，母乳不仅可保证宝宝肠道健康发育，还可以保证宝宝免疫系统加快成熟。

宝宝腹泻到什么程度需要看医生?

对于宝宝腹泻,妈妈会出现两种极端情况,一是火速送往医院;二是在家自己治疗,认为是小事,很快可以康复。其实不然,如果孩子出现以下两种情况必须看医生:

1.病情非常严重,高热、精神状况非常差、呕吐严重等;

2.腹泻导致孩子出现了脱水的症状。如孩子已经连续4小时没有排尿,口腔黏膜比较干燥,哭的时候没有眼泪等,这些都是脱水的早期表现。遇此情况,必须及时带孩子到医院进行补液治疗,否则有可能使病情加重。

宝宝腹泻要立即止泻？

宝宝腹泻了，要立即服用止泻药止泻。这种做法对吗？

真 相

宝宝出现腹泻不一定就是坏事，盲目止泻还有可能加重病情

指导专家：张思莱

（新浪母婴研究院金牌专家、儿科专家）

宝宝腹泻原因很多，如吃得太多不消化、吃了不干净的东西、饮食太凉刺激胃肠道、精神紧张时都可能拉肚子，也可能是胃肠型感冒，还有一些婴儿腹泻，可能是由于更换奶粉或添加辅食等，要根据不同原因治疗，如果没有搞清楚就吃止泻药，有可能加重病情。

腹泻是肠道的一种自我保护性反应，它是感染性因素或非感染性因素对肠黏膜刺激所引起的吸收减少和分泌物增多的现象，通过腹泻可以排出病菌等有害物，所以，腹泻并不一定就是坏事。如果用了止泻药，

肠道内的"脏东西"排不出来，反而会加重病情。

比如细菌性肠炎，是肠道内致病细菌造成肠黏膜损伤，引起脓血便，此时若止泻，肠道内大量细菌和毒素就会留在体内，引起更严重的后果——毒血症或败血症。

还有，比如由轮状病毒引起的秋季腹泻，属于自限性疾病，一般要腹泻1周左右，不论什么方法治疗都不可能马上好，住院补液主要防止脱水和电解质紊乱。而止泻药有一些副作用，如用复方苯乙哌啶有严重的神经毒性，可影响大脑发育。

世界卫生组织在关于腹泻病的治疗方案中谈到——"止泻"药物和止吐剂对急性或迁延性腹泻的患儿没有任何实际益处。它们无助于预防脱水或改善营养状况等主要治疗目的。有些药物有危险，甚至有致命副作用，这些药绝不能用于5岁以下儿童。

在宝宝出现腹泻状况后，应当在不刻意止泻的前提下，注意预防脱水并及时补充营养。世界卫生组织指出，很多腹泻病人的死亡是脱水引起的。仅仅通过简单的口服补液的方法就能够安全有效地治疗90%以上多数病因和各年龄患者的急性腹泻。

适宜在家补充的液体是含盐液体，如低渗ORS液、加盐的菜汤或鸡汤（750毫升鸡汤或菜汤加1.75克盐）。补液量的一般原则是，患儿愿意喝多少就给多少，直到腹泻停止。作为参考，每次稀便后，应给予：

2岁以下儿童：50—100毫升（1/4—1/2大杯）液体；

2—10岁儿童：100—200毫升（1/2杯到一大杯）液体；

更大年龄的儿童和成人：满足他们想得到的量。

对婴儿，可以使用点滴器或没有针头的注射器，少量多次地将溶液送入其口中。2 岁以下的儿童应每 1—2 分钟给予一茶匙溶液。较大儿童可以直接从杯中少量多次地喝。

什么情况要去医院?

　　宝宝出现腹泻，父母首先学会观察宝宝的大便。看大便的形状和次数，如果偶尔腹泻，大便一次两次不成形，那可能是吃多了，不消化。但如果大便呈水样，有血、脓、黏液等，就需要去医院化验，看有没有炎症。

　　除了观察大便，还要对伴随症状进行观察。如果腹泻的同时，出现呕吐、腹痛、发烧等，最好去医院，因为有可能是急性胃肠炎、菌痢等，而不是单纯的消化不良。

宝宝腹泻不应吃东西，而是要多喝水？

听说宝宝腹泻的时候，进食会给消化系统带来负担，在 24 小时之内不要进食，可以多喝水，这样很快就会好。这是真的吗？

真 相

在宝宝腹泻期间和之后，需继续给予宝宝常吃的食物，防止营养不良

指导专家：张思莱
（新浪母婴研究院金牌专家、儿科专家）

世界卫生组织的腹泻治疗方案中曾谈道，腹泻期间如果处理不当还会造成孩子营养不良。方案中提到："腹泻既是水分和电解质丢失，也是营养性疾病。即使有良好的防脱水管理，腹泻的患儿常常营养不良，而且时常程度较重。腹泻期间，食物摄入量减少、营养素吸收减少和营养需求的增加经常共同导致体重减轻和生长停滞、营养状况下降和原有营养不良加重。另一方面，营养不良又加重腹泻，延长病程，使营养不良患儿的腹泻次数可能更频繁。"

专家强调，腹泻期间和之后，需继续给予宝宝常吃的食物，绝对不可以减少食物，而且患儿常吃的食物（包括配方奶）绝对不可以被稀释。这样做的目的是给予患儿能够接受的充足的营养。大部分腹泻稀便的儿童补液后会恢复食欲，而出血性腹泻患儿痊愈前胃口不好，应该鼓励这些患儿正常饮食。

宝宝进食后，能够吸收充足的营养，可以继续发育和增加体重。继续喂养也能加速肠功能的恢复，包括消化和吸收多种营养素的能力的恢复。相反，限制饮食或稀释饮食的儿童体重会减轻，腹泻病程加长，并且肠功能恢复较缓慢。具体喂养指导如下：

● 母乳喂养的宝宝，不论年龄多大，应按需哺乳。鼓励母亲增加哺乳次数和时间。

● 非母乳喂养的宝宝应该至少每 3 小时喂一次奶（或婴儿配方奶粉）。

● 混合喂养的 6 个月以下的宝宝应该增加母乳喂养。随着患儿病情的好转和母乳喂养的增加，应该减少其他食物（给予母乳以外的其他液体，应该使用杯子而不是奶瓶）。这种情况通常持续 1 星期左右，宝宝可能由此转为纯母乳喂养。

只有当喂奶迅速引起严重腹泻、而且脱水体征再次出现或者恶化时，牛奶不耐受才具有重要临床意义。

腹泻宝宝进食的注意事项

如果宝宝小于 6 个月或能够吃比较软的食物，除牛奶以外，应该给予谷物、蔬菜和其他食物。如果宝宝大于 6 个月并且还没有喂这样的食物，应在腹泻停止后尽快提供。

给腹泻宝宝吃的食物应该捣碎或磨碎、精心烹调，以易消化，发酵食物一般容易消化；奶应该同谷类食品混合；如果可能，应给每份食品加进 5—10ml 植物油；肉、鱼或蛋也应给予宝宝。患儿每 3—4 小时进食一次（一天 6 次），患儿对少量多次喂养比大量少次喂养的耐受性更佳。

腹泻停止后，继续给予能量丰富的食物，并且每天进食次数应该比平常多，至少持续 2 个星期。如果患儿营养不良，在患儿食欲和体重恢复正常前，应一直保持额外的进餐次数。

宝宝便秘吃香蕉就好？

"香蕉能通便"早已尽人皆知。生活中，不管是大人还是孩子，如果便秘了，大家首先想到的能通便的食物非香蕉莫属了。可是，事实真的是这样吗？

真 相

宝宝便秘吃香蕉并不好，吃生的香蕉，还有可能加重便秘病情

指导专家：张思莱
（新浪母婴研究院金牌专家、儿科专家）

宝宝几天不拉便便，父母们总是着急得不行。看着宝宝鼓鼓的小肚子和拉便便时憋红的小脸，父母们总是费尽心思想要帮宝宝一把。"给娃吃香蕉呗，让他多吃点，保准管用！""行，那就让他吃香蕉试试。"

小儿便秘是由于排便规律改变所致，指排便次数明显减少，大便干燥、坚硬，秘结不通，排便时间间隔较久（超过 2 天），无规律，或虽有便意而排不出大便。

吃香蕉能缓解便秘吗？也许能，但得是熟透了的香蕉，才有可能起

这个作用。吃生的香蕉不仅不能通便，反而会加重便秘。其实，人们认为香蕉通便更多的是觉得它香软滑润，联想所致，与经验无关。

现在的香蕉为了便于保存和运输，采摘香蕉的时候，往往来不及等它熟了，在香蕉皮青绿时就得摘下。因此我们吃到的香蕉很多是经过催熟的，虽然已尝不出生香蕉的涩味，但生香蕉中的鞣酸成分仍然存在。鞣酸具有非常强的收敛作用，反而会抑制胃肠液分泌并抑制其蠕动，如果宝宝摄入过多，就有可能发生便秘或加重便秘病情。而由于香蕉里面的膳食纤维含量并不高，就算是成熟的香蕉，通便效果其实也不好。

相比之下，西梅、杏、苹果、梨是更好的防便秘水果，而且作用十分柔和，尤其适用于老人和婴幼儿。另外，红薯、玉米、燕麦、荞麦等粗粮含有丰富的膳食纤维，也有防治便秘的功效。

专家提醒，解决便秘的问题首先应该改变饮食结构，养成良好的排便习惯。不要总是想着孩子便秘了如何解决排便的问题。

如何预防婴幼儿便秘？

1. 尽量母乳喂养，母乳不够或者不能母乳喂养的孩子应该选择配方奶喂养，且按照配方奶冲调方法进行冲调。

2. 婴幼儿突然受到精神刺激、环境或生活规律的改变产生的紧张焦虑情绪等心理因素刺激也能造成便秘。尽量保证孩子生活规律，逐渐训练并培养孩子养成定时大便的良好习惯。

3. 每天保证足量饮水，最好是白开水。

4. 保证每天蔬菜和水果的摄入量。

5. 1岁以后适当添加粗粮，食物不要过于精细。

6. 注意不要过量补充钙剂，高钙血症也会引起便秘。

7. 饮食避免高蛋白。

8. 尽量少使用抗组胺药物或抗胆碱药物、抗惊厥药、利尿剂，不经常使用泻药，以免造成泻药依赖而排便困难。

便秘的治疗方法：

1.找出病因。如果是疾病或用药不当引起，应该首先治疗原发病及合理用药。如果是因为喂养不当，家长应该保证孩子每天饮食摄入量；按时添加辅食，保证辅食的质量、数量和形态合理；科学合理地安排膳食品种，多补充水分和含膳食纤维多的食物，如蔬菜和谷物（包括适当的粗粮）；尽量减少不必要的药物摄入；及早进行定时排便的训练；不要打乱孩子的正常生活规律。

2.大便前围绕肚脐顺时针按摩腹部，刺激肠蠕动。

3.用消毒好的棉签蘸着消毒好的植物油轻轻刺激肛门，或用肥皂条、开塞露塞肛。不过此法不能常用，以免形成依赖。

4.因为便秘形成的肛裂，轻症可以用加上黄连素的温水坐浴，坐浴后在肛门处涂上少量金霉素软膏，保持局部清洁。重症需要请医生处理。

道听途说

婴儿便秘，来点蜂蜜？

糖糖最近便秘了，二姨告诉我蜂蜜能缓解便秘，我特意从网上买了一瓶。我有点担忧：半岁的孩子能吃蜂蜜吗？二姨拍拍胸脯跟我说没问题，蜂蜜里含有丰富的维生素、葡萄糖、多种有机酸以及有利于健康的微量元素，吃的时候大人量多，小孩子量少就可以了。是这样吗？

真 相

给 1 岁以内的婴儿吃蜂蜜不安全，也不能解决便秘的问题

指导专家：张思莱
（新浪母婴研究院金牌专家、儿科专家）

1 岁以内的婴儿是禁止吃蜂蜜的。蜂蜜中可能有肉毒杆菌，会引起肉毒杆菌毒素中毒。肉毒杆菌毒素中毒是一种罕见的、比较严重的、可以通过被肉毒杆菌污染的食物传播的疾病。蜜蜂在采集花粉酿蜜的过程中，很有可能会把被肉毒杆菌污染的花粉和花蜜带回蜂箱，使蜂蜜受到污染，所以蜂蜜中含有的肉毒杆菌芽孢非常多。研究发现，肉毒杆菌适应能力

很强，在 100℃的高温下仍然可以存活，它容易在婴儿肠道中繁殖并产生毒素，1 岁以内的孩子由于肠道微生态屏障还没有完全形成，极微量的肉毒杆菌毒素就会使婴儿中毒，非常危险。

除此之外，蜂蜜其实是一种高热量、营养高度单一的食品。由于它的主要成分是糖分，孩子对甜味亲和力强，所以喂食蜂蜜容易破坏他的饮食习惯，让他不接受白开水。因此给 1 岁以内的婴儿吃蜂蜜不安全，也不能解决便秘的问题。

膳食搭配不合理，不良的排便习惯，疾病和发育异常，受到精神刺激，环境或生活规律的改变，用药不当都可能引发孩子便秘。当孩子发生便秘时，最首要的是找出便秘的原因，不能轻信偏方。如果是疾病或者用药不当引起的便秘，应该治疗引发便秘的疾病以及调整用药。对于单纯性的便秘，可以培养孩子定时大便的习惯，在孩子会坐后在早晨定时练习坐盆。在孩子添加辅食之后，按时添加富含铁的食物，尽早做到辅食多样化，每日的膳食选择营养丰富、易消化的食物。

道听途说

奶癣就是喝奶引起的?

很多婴儿都会长奶癣,不少人说,是喝奶引起的,妈妈喂的奶有问题。

真　相

奶癣确实与吃奶有关,但并非唯一的因素;口周的湿疹更多是由口水、奶渍、食物、果汁的浸渍,以及不正确的喂奶姿势引起的

指导专家:刘晓雁
(首都儿科研究所皮肤科主任、主任医师)

　　一觉醒来,妈妈发现3个月大的宝宝脸上长出一些小红点,起初还不太在意,谁知这些红点蔓延很快。宝宝又哭又闹的,东西也不好好吃了。妈妈带他去看医生,医生说宝宝得了婴儿湿疹,人们俗称"奶癣"。妈妈感到很迷惑,莫非我的奶有问题? 奶癣是吃奶引起的吗?

　　婴儿期是人和环境初始接触阶段,皮肤作为人类与环境直接接触的器官,将首先出现超敏反应。"奶癣"在医学上称为婴儿湿疹,常指在嘴周的湿疹，是婴儿最常见的一种过敏性皮肤病。

有的妈妈以为奶癣就是吃奶引起的，其实不然。其发病和过敏、温度、不妥的喂养方法、便秘等因素都有关联。宝宝出生后，对生活的环境、饮食和生活习惯都有一个适应过程，这也是人体免疫系统的适应过程。在这个过程中，多数宝宝都会出现湿疹，只是轻重不一。

病情较轻的湿疹会自行消退，宝宝出生 6 个月以后，湿疹会逐渐减少，宝宝 1 岁左右一般就不会再出湿疹了。不过受遗传因素、环境以及自身体质影响，有的婴儿湿疹比较严重，如果没有得到及时、规范的治疗，将来还可能患上过敏性鼻炎、过敏性哮喘等疾病。

对婴儿湿疹的三个认识：

1. 相对于疾病，大部分婴儿湿疹是婴儿期皮肤发育、成熟的过程。

2. 在这个过程中，应该注重婴儿的皮肤护理，对皮损严重部位短期、局部外用安全有效的药物。

3. 对不伴有消化系统症状的婴儿，可以基本判定不是食物过敏，而是皮肤屏障发育不完善而致的皮肤过敏。

专家表示，口周湿疹多，通常是由于口水、奶渍、食物、果汁的浸渍，这才是奶癣的真正原因。所以，喂食的时候不要让奶汁、果汁或者其他食物的汁溢到口周，如果溢到口周，要注意及时清洗、擦干，再涂上一点保护性的乳、霜剂。

另外，妈妈的喂奶姿势也很重要，有的妈妈喂奶的时候是把宝宝扣到乳房上，宝宝的脸部跟妈妈的皮肤接触特别紧密，而且有的妈妈乳汁比较丰富，有乳汁溢出，就容易引起宝宝口周的湿疹。趴着喂姿势也不对，趴着喂也会让宝宝和乳房接触比较紧密，尤其夏季出汗，更容易引起口周的湿疹。

专家建议妈妈喂奶一定要选择正确的姿势，抱好宝宝后，把他稍微往外让开一点，往外撇一点，让宝宝口周的皮肤跟妈妈的乳房贴得不要太紧，这样也便于观察宝宝吃奶的方式，减少皮肤过度接触及刺激。

宝宝得了奶癣怎么办?

宝宝吃完母乳或牛奶后，妈妈要用湿巾清洁一下宝宝的嘴角与脸庞；常换口水垫；擦完脸后涂些儿童润肤剂；防止宝贝搔抓，搔抓会刺激原有的皮肤炎症，还会增加传染机会。

道听途说

涂抹母乳可以治疗湿疹？

有人认为，用母乳涂抹宝宝的脸，能让宝宝的皮肤更滋润，还可以治疗湿疹。这是真的吗？

真 相

没有科学依据，不主张使用母乳去治疗婴儿湿疹

指导专家：刘晓雁
（首都儿科研究所皮肤科主任、主任医师）

宝宝患上湿疹后，不仅反反复复不能根治，妈妈还常常被折腾得团团转：宝宝不能吃母乳？那提前断奶吧；妈妈也要忌口？就当减肥了；疫苗都不能打？等好了再说吧。殊不知这都是误区。还有的妈妈听信了不少偏方，比如涂抹母乳能治疗湿疹，效果到底如何呢？

张女士家里3个月的宝宝脸上起了很多湿疹，张女士本想带宝宝去医院治疗，身边的老人却都说不用就医，涂点母乳在宝宝脸上就好了，以前的人都是这么做的。张女士一听有例证，便信以为真，每次喂完奶

后就挤些母乳涂在宝宝脸上，可是几天下来，湿疹没好，脸上还是一片红。

为什么老一辈常会说涂抹母乳可以治疗湿疹呢？一方面，在过去，物质比较匮乏，可使用的药品也比较有限，在老一辈的观念里，母乳营养好，便以为有很好的润肤作用；另一方面，随着宝宝年龄增长，部分宝宝的湿疹是会自行改善的，因此就有人会误以为是涂抹了母乳的作用。

母乳其实是给孩子提供营养的，对皮肤是没有作用的，如果涂在脸上，黏黏的一点也不清爽，宝宝会感觉不舒服，时间长了，反而成为一个细菌的培养基。婴幼儿皮肤娇嫩，血管丰富，抵抗能力也较成年人弱，母乳涂在宝宝脸上易造成汗腺口、毛孔的堵塞，使汗腺、皮脂分泌排泄受阻而形成汗腺炎、皮脂腺炎和毛囊炎，还易滋生细菌。

最重要的是，母乳对湿疹根本没有治疗作用。湿疹是皮肤的一个无菌性炎症的反应，是血管扩张引起的炎症反应。母乳既不能收缩血管、抑制细菌，也不能减轻瘙痒，从治疗效果来讲，它不能治疗湿疹，那我们为什么要用它？

到目前为止，婴儿湿疹并没有什么科学有效的偏方，预防湿疹最重要的两个措施就是加强保湿以及合理外用激素软膏，在宝宝湿疹严重的时候，还是得乖乖去医院。

因此，尽管有研究认为母乳喂养的孩子湿疹发生率相对更低，但外用母乳可以治疗婴儿湿疹却没有科学依据，因此不要轻易相信偏方而延误治疗，部分宝宝用母乳涂脸后还有可能加重湿疹，所以，不主张使用母乳来治疗婴儿湿疹。

通过治疗能根治湿疹吗？

目前没有任何一种治疗方法能够绝对根治湿疹：遗传性的过敏体质，皮肤脂质屏障脆弱或不完整，需要长期护理以防复发。但遗传体质不是一成不变的，有些婴幼儿随体质变化，对以往诱发湿疹的刺激不再过敏而自愈。恰当的护理及合理使用药物能控制湿疹的病情，避免复发，可减轻湿疹对生活质量的影响。

激素副作用大，湿疹千万不要用激素？

道听途说

有人说，激素类药物虽然效果明显，但对身体伤害很大，激素类药物会影响儿童的生长发育，得了湿疹可千万别听医生的话用激素！这是真的吗？

真 相

正确使用外用激素类药物治疗宝宝的湿疹是安全的

指导专家：刘晓雁

（首都儿科研究所皮肤科主任、主任医师）

对于湿疹，网上很多信息都是拒绝用激素来治疗的，很多爸爸、妈妈一听要给宝宝用激素类药物，就很紧张。

专家解释，其实糖皮质激素是治疗婴儿湿疹的首选药物，外用糖皮质激素虽然可引起皮肤萎缩、毛细血管扩张、色素减退或沉着等副作用，但大多数都是长期大剂量不合理使用造成的。只要针对不同病情、不同皮损部位、不同年龄选择不同强度的激素软膏，就能既可发挥激素的强大抗炎、抗过敏效用，同时又能避免其不良反应。

在治疗宝宝的湿疹时，在药物的选择上，一般选中效或者是弱效的，更多是选择弱效的；要特别注意控制用药量，严重的湿疹1周用药量不超过20克，很轻的湿疹，尤其是特异性皮炎维持期间，1个月用药量不超过15克，再有就是使用的时间，同一个部位、同一种浓度，在面部和间擦部位不要连续使用超过2周，躯干和四肢、手足不要连续超过4周，不同的部位有不同的用药时间。

此外，还有一个最关键的——医学上称作"给药途径"。激素的严重的副作用一般都是长期注射、口服引起的，正确外用其副作用可以忽略不计。皮肤最大的作用是屏障作用，不是吸收作用，尤其外用药膏都要加助渗剂才能透过皮肤起作用，所以外用于皮肤的药膏，只要用药量、用药时间、用药部位都是按照医生的嘱咐去用，还是很安全的。

有的家长还会问，宝宝一直患有湿疹，擦了药膏之后反而更严重，这是为什么？

专家表示，湿疹是皮肤成熟适应的过程，实际上用药治疗湿疹是帮助孩子度过这个过程，所以，不是涂一次就好，也不能用一次就断药。很多时候湿疹一反复家长心里就发毛，担心是不是有激素依赖了，或者激素不管用了，其实不是这样的，而是需要时间让皮肤的免疫功能完善起来。

正确使用激素的几个要点：

1. 治疗湿疹选择哪些药膏？

一般婴儿湿疹可选择氢化可的松软膏、地奈德软膏、丁酸氢化可的松软膏、糠酸莫米松（艾洛松）等，在治疗湿疹时，应首选强度足够的制剂，在治疗过程中应根据皮损恢复情况逐渐降低外用激素的浓度或降低激素的强度。只要合理使用，即使长期使用也是安全的。

2. 外用激素用量如何掌握？

通常一支药膏是 10g

一个指尖单位 =1FTU（Fingertip unit）=0.5g

指尖单位，是药物从管口直径 0.5cm 的药管挤出后，从食指指尖，覆盖到第一指关节的软膏油或乳膏的量，国际通用的药管管口直径是 0.5cm。

一个指尖单位的药量，通常可以涂抹两个手掌大小的皮损面积。

不同部位	体表面积
面颈部	5%
躯干前后（包括臀部）	28%
单上肢	6%
单手（反正面）	2%
单腿	12%
单足	4%

　　从这张图里，您可以清楚地了解，身体各部位面积大概占体表面积的百分比，并用手掌面积、指尖单位这两个指标，更好地掌握用药剂量。

3. 外用激素的疗程

躯干、四肢外用激素要少于 4 周，面部和间擦部位外用激素要少于 2 周。

长期使用：开始连续使用 2—4 周（症状控制）→间歇用药（隔日，周末，非激素）→停药 1 周以上，重新开始。

4. 外用激素应该逐渐减量

当皮肤炎症完全控制后，外观看似正常的皮肤，其组织学实际处于亚临床炎症状态，即伴有棘层肥厚及血管周围炎症细胞浸润，故建议采取继续每周两次外用激素制剂控制炎症反应，同时应用润肤剂的"积极"治疗方法，以使其长期处于缓解状态。

5. 外用激素的用法

人体不同部位对激素的吸收量是不一样的，面颊、前额、腋窝、头皮吸收量更高，所以要用弱效的激素，在前臂、背部这种地方可以用中效的，手足、踝部可以用强效的。

道听途说

湿疹要保持皮肤干燥，千万别洗澡？

一些人认为，宝宝得了湿疹是皮肤太过潮湿导致的，体内湿气重，要保持皮肤干燥，千万别洗澡。这种做法对吗？

真 相

婴幼儿的皮肤往往需要更多水分，湿疹宝宝的皮肤如果处于干燥状态反而会加重病情，因此要正常洗澡

指导专家：刘晓雁
（首都儿科研究所皮肤科主任、主任医师）

首先需要弄明白的是，"湿疹"这个词中的"湿"说的其实是皮肤干了、裂了、组织液渗出的"湿"，并不是不能沾水的"湿"。皮肤是人体的屏障，皮肤干燥的时候会有很多裂隙，皮肤屏障功能差，外界因素就容易刺激皮肤，引发湿疹。

宝宝皮肤屏障功能不好，经皮水分丢失较多，皮肤表面天然保湿因子的水平较低，又使得婴幼儿的皮肤更容易受外界干燥环境的影响，所以经常罹患湿疹。对付湿疹，60% 要靠润肤，40% 才需要药物，保湿是促进皮肤屏障作用恢复的关键。

湿疹宝宝要及时润肤，可以从以下几点入手：

1. 需要大量、多次、大面积涂儿童润肤剂，如果皮肤特别干，可以每天 3—6 次，干得不严重，可以每天 2—3 次。

2. 第一，要正常洗澡，因为洗澡首先是润肤的，接触水肯定是润的。第二，水有清洁的作用，可以减少感染的发生。第三，其实适当的水温有安抚的作用，可以减轻湿疹宝宝皮肤的瘙痒。所以，正常洗澡对患有湿疹的宝宝是有用的。

3. 冬季要注意宝宝的营养搭配，多吃鸡蛋黄、肝、胡萝卜、绿叶蔬菜，这些食物含有维生素 A 和 B，也能起到滋润皮肤的作用。

4. 干燥季节还可考虑在房间使用加湿器，使房间湿度保持在 50% 左右。

湿疹宝宝洗澡的注意事项

水温不要太高，别超过 39℃。洗澡的时间别超过 10 分钟，湿疹严重的宝宝别超过 5 分钟。洗澡时不用每次都用浴液这些清洁产品。秋冬季节 1 周可以洗 1—2 次，夏季为了清洁皮肤可以每天洗澡。每次洗完澡以后要及时抹上儿童润肤剂。

怎样使用儿童润肤剂？

就像每天要刷牙一样，湿疹宝宝因皮肤敏感，需要每天进行保湿。规律外用儿童润肤剂不仅可以明显改善皮肤瘙痒及炎症，还可以保持皮肤的水合状态，是湿疹一般治疗的重要基础。使用时需要根据患儿的皮肤状态、季节、气候等条件选择最佳的儿童润肤剂，全身应用，以达到最好疗效。

在选择儿童润肤剂的时候，皮肤特别干的宝宝应该选霜剂润肤剂，不太干的宝宝可选择乳剂润肤剂；天气不是太干的时候选乳剂，天气特别干的时候选霜剂；面部外露的地方应该用霜剂，躯干可以选用乳剂。因为霜剂是油比水多，乳剂是水比油多，所以更稀一点。同时，用于婴幼儿的保湿润肤剂对于皮肤还应该是柔和的、无刺激的。

得湿疹需要忌食"发物"？

有人认为，宝宝得湿疹主要是由食物过敏引起的，因此要限制宝宝食用牛奶、鸡蛋、海鲜等常见食物过敏原，母乳喂养的妈妈应该改为人工喂养，通过食用水解蛋白奶粉可以减少宝宝过敏的风险。

真 相

不应该把重点放在忌口上，减少湿疹复发主要在于护理

指导专家：刘晓雁
（首都儿科研究所皮肤科主任、主任医师）

为什么有很多人甚至专业人士都认为湿疹需要忌食"发物"呢？因为在过去大家就是这么认为的——例如在 2000 年，美国儿科学会就根据"专家意见"，建议过敏风险较高的婴儿避免过早接触高敏感类食物。

科学在进步，理念也在不断更新、矫正——在 2008 年，美国儿科学会便根据当时最新的临床数据改口承认，为了预防过敏而延后接触高过敏类食物是没有根据的。

根据定义，发物是指富有营养或有刺激性、特别容易诱发某些疾病（尤其是旧病宿疾）或加重已发疾病的食物。发物中鸡肉、蛋类、猪头肉等对人体而言为异体蛋白，这种异体蛋白就可构成过敏原而导致人体发病。鱼、虾、蟹类本身就含组织胺，而组织胺可造成血管通透性增高、微血管扩张、充血、血浆渗出、水肿、腺体分泌亢进及嗜酸性白细胞增高等，从而导致了机体变态反应，即过敏反应，诱发皮肤病。

医学上定义的"过敏"，通常是指某一类物质在体内引起的变态反应。比如常见的鸡蛋过敏、青霉素过敏，都是有明确过敏原的。而婴儿湿疹其实只是皮肤敏感，和过敏并不是一回事。因为湿疹是表皮的炎症反应，它的病理基础就在表皮，与食物没有太多关系，甚至与环境中所谓的"可疑过敏原"也无关，因为它大部分是一个皮肤的屏障问题和免疫问题。

美国儿科学会指出，食物过敏被过分夸大了，虽然食物过敏和6个月以内的婴儿湿疹关系密切，但食物过敏并不是婴儿湿疹的主要发病机制。超过90%的父母错误地认为食物过敏是孩子皮肤问题的唯一或主要原因，过分强调食物过敏会导致饮食被限制，宝宝会因此营养不良，错误地将重点放在忌口上还会忽视对皮肤的治疗。

临床也有证据表明，回避宝宝生长发育所必需的一些可疑过敏食物，并不能有效地预防婴儿湿疹的发生。除非是宝宝对母乳不耐受，但这样的病例很少。

另外，真正由食物引发的湿疹是少见的。最常见的食物过敏导致的皮肤症状包括急性荨麻疹、血管性水肿、接触反应，或在某些情况下，加重湿疹的症状。对于食物过敏加重湿疹症状的情况，这些反应通常是迟发性过敏反应，发生在进食后 2—6 小时。

如果孩子有明确的食物过敏，那么孩子需要忌口，但是从母乳这个角度来说，建议妈妈正常饮食。因为母乳的营养是从妈妈的胃肠道吸收到体内，又从体内过渡到乳汁的一个过程，并不是家长想象的吃一个鸡蛋，喂到奶里就有鸡蛋，实际上鸡蛋早已经消化了，给孩子的肯定都是孩子最需要的营养。所以，妈妈盲目忌口，对孩子的营养及妈妈本身的营养状况都具有很大威胁。

每个人一生中一定会出一次水痘？

道听途说

每个人都会出水痘，出过了就没事了，以后也不会再被传染了。

真 相

不是每个人都会出水痘，
水痘疫苗能够很好地预防水痘的发生

指导专家：刘晓雁
（首都儿科研究所皮肤科主任、主任医师）

水痘是一种很常见的传染病，春冬两季多发，起病急，传染性极强，多发生在婴幼儿和学龄前儿童身上，水痘患者是唯一的传染源。水痘是由水痘－带状疱疹病毒引起的一种急性传染病，主要表现为皮肤黏膜分批出现斑疹、丘疹、疱疹，可伴发热、头痛、咽痛等症状，部分病例可并发脑炎、肺炎等。

那有人会问："每人一生中一定会出一次水痘吗？"其实不一定。现在很多人都接种过水痘疫苗。如果接种过疫苗并且不接触水痘患者，一般不会得水痘。但是如果没有接种过水痘疫苗却接触过水痘患者，就很有可能感染上水痘病毒。

另外，还存在一个隐性感染的情况，有的人已经接触过水痘患者，但是他没发病，身体内已经产生抗体、免疫了，也不会出水痘。

那是不是出过一次水痘就没事了呢？一般来说，所有免疫功能正常的人，在自然感染水痘后会终生免疫。但得过水痘的人，病毒可能会长期潜伏在神经末梢，多年后，在进入成年或老年，身体免疫功能受损或低下时，潜伏的病毒便会繁殖，导致带状疱疹。所以，不是出过水痘就没事了，得过水痘会再得带状疱疹，都是由同一种病毒导致的。

接种水痘疫苗是预防水痘的最好方式，即便已经感染了水痘病毒，接种水痘疫苗也可以减轻其症状，但水痘疫苗也不是万无一失的，为了获得持久免疫力，医生建议应该接种两次水痘疫苗。

目前，世界卫生组织建议孩子在 1 周岁和 4 周岁分别接种一次水痘疫苗，如果只接种一次，体内产生的保护性抗体会随着时间的延长逐渐降低，5 年后感染病毒的概率较大。有的孩子在 1 周岁时接种过一次水痘疫苗，时间久了抗体减少，当遇到传染源输入时就有可能再次感染发病。

预防水痘的方法

1. 水痘流行季节不带孩子去人多的公共场所，开窗通风以保持室内空气流通，能在一定程度上避免儿童接触水痘–带状疱疹病毒。

2. 在接触水痘–带状疱疹病毒后 96 小时内使用水痘–带状疱疹免疫球蛋白，但保护作用有限，而且国内目前并无此药。

3. 接种水痘疫苗，是预防水痘发生最经济有效的手段。

道听途说

出水痘时不能洗澡？

有人说，在患水痘期间千万不要洗澡，因为洗澡的话，会出现一不小心弄破水痘的情况，而且洗澡水都是生水，会引起感染。这是真的吗？

真 相

结痂以前最好不要洗澡，
结痂后情况平稳时可以洗澡

指导专家：刘晓雁

（首都儿科研究所皮肤科主任、主任医师）

水痘起病较急，会在发病 24 小时内出现皮疹，皮疹先发于头皮、躯干受压部分，呈向心性分布。在为期 1—6 日的出疹期内，皮疹相继分批出现，皮损呈现由细小的红色斑丘疹→疱疹→结痂→脱痂的演变过程，脱痂后不留疤痕。水疱期痛痒明显，若因挠抓继发感染可留下轻度凹痕。

出水痘的时候，一般在结痂以前最好不要洗澡，因为那时候有破溃、有渗出，洗澡的话会加重这种情况，而且可能会增加感染的机会。但结痂以后，宝宝已经不发烧了，情况都平稳的时候可以洗澡，因为水痘大概痊愈的过程是 10—14 天，这么长时间不洗澡，反而会引起宝宝皮肤的其他问题。

结论

在水痘结痂前，可以用温水擦身，注意手法要轻，不要把水痘弄破；结痂后，在洗澡的时候最好不用沐浴露，以免刺激皮肤，用过的毛巾和用具要及时消毒和暴晒。

水痘属于自愈性疾病，一般不用吃药打针，但是如果发病时间过长，会伴随着发烧、皮肤感染、头痛、肺炎、脑炎，等等，如果处理不当，皮肤上还会留下疤痕。所以，如果宝宝只是单纯出水痘的话，可以等水痘结痂自愈，但如有其他症状，就需要在医生的建议下用药治疗。

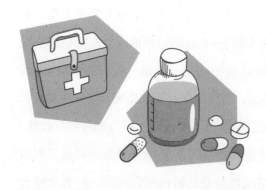

宝宝得了水痘，如何护理？

1. 注意消毒与清洁。要勤换衣被，保持皮肤清洁。同时，对接触过水痘疱液的衣服、被褥、毛巾、敷料、玩具、餐具等，根据情况分别采取洗、晒、烫、煮、烧等方式消毒，且不与健康人共用。

2. 定时开窗。空气流通也有杀灭空气中的病毒的作用，但房间通风时要注意防止患者受凉。房间尽可能让阳光照射，要打开玻璃窗。

3. 退烧。如有发烧情况，低热时，可以物理降温法帮助宝宝退热。要让宝宝多休息，吃富有营养且易消化的食物，要多喝水，不能捂汗，保持环境凉爽透气。

4. 留心观察，注意病情变化。如发现宝宝出疹后持续高热不退、咳喘，或呕吐、头痛、烦躁不安，或嗜睡、惊厥，应及时到医院就诊。

5. 水痘有时伴有瘙痒，避免用手抓破疱疹。特别是注意不要抓破面部的疱疹，以免疱疹被抓破引起化脓感染，若病变损伤较深，有可能留下疤痕。为了防止这一情况的发生，可把宝宝的指甲剪短，保持手的清洁。

道听途说

宝宝烫伤后抹牙膏、涂酱油、擦麻油可以缓解？

看到宝宝被烫伤，有些家长就会立马用一些土办法来处理，如在伤口上涂酱油，抹牙膏，擦麻油等，认为这样可以给其降温、消炎，减轻不适。这些土办法真的有效吗？

真　相

宝宝烫伤后抹牙膏、涂酱油、擦麻油等效果并不好，而且还有可能构成二次损伤，有碍治疗

指导专家：张思莱

（新浪母婴研究院金牌专家、儿科专家）

宝宝被烫伤后，后遗症有多大，通常取决于父母的急救措施是否有效。民间流行的涂抹酱油、麻油、牙膏等措施，其实对宝宝是有害的。

涂抹有颜色的药物，如红药水、紫药水等，会影响医生对创面深度的判断，而且它们是消毒剂，大面积使用会引起中毒等后果。

涂抹牙膏、油膏等，不仅会影响烧伤处热量的散发，还会增加清理伤口的难度。像麻油这样的厚层油质会阻止医生对烧伤部位深度的区分，乃至致使烧伤部位被感染。擦酱油也会污染创面，增加感染机会。此外，即便伤口日后成功愈合，这种做法也会致使疤痕更加显著。所以宝宝烫伤后，千万不能使用涂牙膏、酱油等土方法。

烫伤应该如何处理？

　　宝宝被烫伤后，要及时将宝宝带离热源。如果烫伤部位没有穿着衣物，直接用流动的冷水（15℃—20℃）冲洗，水流不要太大，以免将烫伤破损的皮肤组织冲掉。这样做不但可以降低局部皮肤的温度，而且可以阻止高热向皮肤深处扩散，造成深层组织的伤害。或者可以将受伤部位浸泡在凉水中。记住，千万不要冰敷，以免发生冻伤。一般流动水需要冲创面足够长的时间。

　　如果孩子烫伤的部位还穿着衣服的话，要立刻脱掉衣服进行冲洗。但如果衣服和皮肤粘连，千万不要强行脱掉衣物，可选择用凉水浸泡受伤部位的衣物，然后用剪子剪开取下衣物再进行冲洗。烫伤的部位如果出现水疱，千万不要弄破，否则容易导致感染。用以上步骤处理好后，可用干净的纱布覆盖在伤口上，接下来要及时去医院就诊。

日常生活中，家长该如何让宝宝远离烫伤呢？

《美国儿科学会育儿百科》中曾多次强调：你正在抽烟、喝热的饮品或者在炉子旁边做饭的时候，不要抱着孩子。你必须处理一些热的液体或者食物的时候，先将孩子放在一个安全的地方。不要将盛放热的液体或者食物的容器放在桌子的边上，不要让孩子在热炉灶、加热器或火炉边爬来爬去，不能在锅中烧着饭菜而离开无人看管。家中的小电器、小物件，如吹风机、电暖气等用完要及时关闭，待冷却后再让宝宝进屋。火柴和打火机一定要收拾好，不让孩子找到。

有些家长喜欢用低温的吹风机给宝宝吹干小屁股，但是如果使用不当，同样会烫伤宝宝。使用热、冷水两用的水龙头，不用时要放在冷水位置，同时热水器也要调节到合适的温度。家中所有的电器不能集中在一个插线板上，这样很容易因为插线板负荷过重而发生火灾。不要用微波炉加热奶液，以免受热不均匀，在宝宝喝的时候烫伤嘴。同时，要给宝宝做好防火、防烫伤的安全教育。

道听途说

喝液体钙不会导致便秘？

听说喝液体钙不会导致便秘，是不是真的呢？

真 相

不科学，固体钙和液体钙吸收率的差别不大，关键是看到底是什么钙

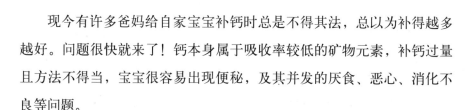

指导专家：张思莱
（新浪母婴研究院金牌专家、儿科专家）

现今有许多爸妈给自家宝宝补钙时总是不得其法，总以为补得越多越好。问题很快就来了！钙本身属于吸收率较低的矿物元素，补钙过量且方法不得当，宝宝很容易出现便秘，及其并发的厌食、恶心、消化不良等问题。

人类对钙的吸收率在30%—60%不等，本身吸收率都不是很高。影响钙吸收的因素有如下几点：摄入量和需要量的比例（如果不需要的话，吸收率自然降低）；补充量越大，钙的吸收率越低；饮食中的各种成分，如菠菜中的草酸，柿子中的鞣酸，高蛋白、高脂肪、高纤维素的饮食都会影响钙的吸收；含磷的可乐饮料、酒精等也会影响钙的吸收。

不仅钙吸收率较低，而且宝宝本身也具有一定的排钙能力，那为什么补钙宝宝仍会便秘呢？这是因为进入人体内的钙元素非常容易与肠道的食物残渣中的草酸、植酸、磷酸、脂肪等结合，生成不溶解的较硬的物质，使宝宝难以排出，造成便秘。

 结 论

液体钙常被宣传得神乎其神：更易吸收、不含凝固剂、服用不牙碜、提取自深海贝类等。其实，固体钙和液体钙吸收率的差别不大。大量实验证明，钙的吸收与钙的形式无直接关系，所以不是液体钙吸收好，不易便秘，而是要看到底是什么钙。

如何选购钙剂？

我们在为宝宝购买钙剂的时候，一般从四个方面来考虑：含钙量、溶解度、吸收率及价格是否合理。因此，含钙量高（主要是指含有的钙元素要多），溶解度好，吸收率高，价格便宜，而且对消化道没有刺激的钙制剂就是好的产品。

此外，选购钙剂还需要注意原料不要有重金属污染，因此要根据自己宝宝的情况酌情选用。还需要提醒家长注意，只要饮食含有的钙能够满足宝宝发育需要，就不需要额外补充钙剂。

补充氨基酸和蛋白粉可提高免疫力？

给孩子吃氨基酸和蛋白粉可以提高免疫力。这是真的吗？

真 相

补充氨基酸和蛋白粉对提高免疫力作用不大，运动和正确饮食才是提高免疫力的优质组合

指导专家：张思莱

（新浪母婴研究院金牌专家、儿科专家）

很多学龄前孩子的家长都有同样的感受：孩子免疫力低下，天气稍微变化就要生病。究竟该如何提高孩子的免疫力呢？补充蛋白粉、补充氨基酸……这些口口相传的方法究竟是真知还是谣言？

氨基酸胶囊、蛋白粉是目前市场上宣传较多的保健品，很多广告宣称这些产品能显著提高人体的免疫力。一些家长常常把蛋白粉放进粥里或者配方奶里给孩子吃。对于健康的人，氨基酸并不能起到预防疾病的作用，不提倡额外补充氨基酸，并且人体需要的氨基酸是多种多样的，

其中人体必需的氨基酸就有 8 种，氨基酸胶囊并不能满足孩子发育的需要。

其实，氨基酸就存在于食物之中，摄入的蛋白质在消化道中被分解成氨基酸才能被身体吸收。而大量补充蛋白粉可能会导致蛋白质摄入过量，其代谢产物加重了肝肾的负荷，此阶段的宝宝的肝肾发育还不成熟，摄入过量蛋白质不但是一种浪费，对健康也是有危害的。

那为什么越小的孩子表现出的免疫能力越低呢？这主要是免疫系统没有经验，因为没有机会接触抗原，所以不能建立免疫应答。免疫力是在机体与各种致病因子不断斗争的过程中形成并逐渐加强的。要知道，婴幼儿的免疫系统生理状态与成人显著不同，他们的免疫系统发育不成熟，而且不同年龄段的孩子免疫水平也不同，从而导致不同年龄段的孩子发生的疾病也有所差别。随着孩子的生长发育，到 12 岁时，全身的免疫系统发育到最高水平。家长应清醒地认识到，婴幼儿阶段的孩子容易生病是正常的事，没必要过于紧张。

如何提升孩子的免疫力？

免疫力既受先天因素影响，更受后天营养、体格锻炼和预防接种的影响。要提高宝宝的免疫力，除了按规定完成国家计划免疫接种疫苗外，更要保证孩子发育所需的营养素，进行科学合理的体格锻炼，具体做法如下：

1. 孩子出生后，妈妈尽可能地坚持母乳喂养。这是孩子人生的第一次免疫。母乳中含有孩子生长初期所需要的免疫活性物质，可以增强孩子的免疫力，这是任何食品和奶粉都无法比拟的。

2. 按时给孩子添加辅食，膳食搭配要均衡合理，尽早做到食物多样化，引导孩子不挑食，不偏食，保证孩子对营养的需求。足够的营养是人体免疫系统发育的必需物质基础。

3. 平时注意居室通风换气，注意孩子与大人的个人卫生，做到饭前、便后、外出回家后要洗手，少带孩子去公共场合，尽量减少接触病原体的机会。

4. 保证孩子生活规律，正确进行温水浴、空气浴、日光浴训练，积极参与各项体育活动，进行体格锻炼。

只有做到了以上四方面，才能不断增强孩子自身体质，提高内在免疫力。

仰头举手能止鼻血？

听人说，流鼻血的时候把头抬高，把手举起来，有助于止血。可信吗？

真　相

宝宝流鼻血时，仰头易使血液倒流进入气管，举手也无止血功能

指导专家：张思莱
（新浪母婴研究院金牌专家、儿科专家）

为什么会流鼻血？因为鼻黏膜受到损伤了。鼻是人的呼吸器官，鼻黏膜内有丰富的血管以及很多黏液腺，可以分泌黏液维持鼻腔湿润。鼻黏膜的血管表浅，管壁薄，由于某些原因很容易造成鼻黏膜血管充血，乃至肿胀破裂出血。

引起宝宝流鼻血的原因有很多：天气干燥，宝宝的鼻黏膜容易出血；宝宝鼻黏膜的血管畸形或鼻中隔偏曲；鼻腔内异物；宝宝有挖鼻孔的习惯，造成黏膜内的血管破裂出血；宝宝有鼻炎或者鼻窦炎，也容易造成局部充血肿胀，破裂出血。如果出血频繁，同时孩子有贫血

表现，注意血液病的可能。

宝宝流鼻血，正确的处理方法是什么？

孩子流鼻血，父母不要惊慌，让孩子坐下，身体向前倾，鼓励孩子张口呼吸，避免血液被误吸，同时注意血是从哪个鼻孔流出来的。

父母用拇指和食指在孩子的鼻梁中部捏住鼻子，以便压迫止血，避免孩子将血液吞进肚子里，造成孩子呕吐。一般压迫约 10 分钟方可奏效。同时用冰袋（包上毛巾，避免过凉刺激孩子）或者浸了凉水的毛巾敷在孩子的前额鼻根部或脖子后面，使血管收缩，减少出血。

如果持续出血，可以用油纱条（医用凡士林浸泡的纱布条）塞进鼻腔压迫止血，然后及时送到医院诊治。

切记，不要用干棉花或纸团塞进鼻腔内压迫止血，容易引起感染，还可能由于到医院取出已经粘在鼻黏膜上的棉花或者纸团时撕破刚止住血的伤口，引起再次出血。

注意：不要让宝宝向后仰头，这样虽然鼻腔不出血了，可是血液却通过鼻后孔流向口腔被宝宝咽下，容易引起身体不适，甚至呛着宝宝。

也有人提出控制鼻出血必须举起对侧手，认为举对侧手会引起人体神经兴奋从而有助收缩血管。这种说法看似有道理，但是仔细推敲就会发现，举手动作对止鼻血作用甚微。

专家提醒，平时要注意保持宝宝鼻腔的湿润。如果室内干燥，可以使用加湿器，提升室内空气湿度，也可以使用药膏涂抹鼻腔，预防鼻腔干燥。养成良好的生活习惯，禁止宝宝挖鼻孔。若是年幼的宝宝，注意不要让他把异物塞进鼻孔中。

道听途说

爸爸妈妈牙齿不好，孩子是不是也会遗传？

这几天，孩子爸爸牙疼得不行，他牙齿本身就不好，还爱抽烟。我是不爱吃糖，但从小就因为拔牙、矫正牙，牙齿也不好。听人说父母牙齿不好会遗传给孩子，是真的吗？

真 相

若是由遗传因素引起的牙齿发育异常，可能会遗传给孩子；但若因其他外界因素的影响，一般不会遗传给孩子

指导专家：郑黎薇
（四川大学华西口腔医院儿童口腔科教授）

我们可以将"牙齿不好"理解为牙齿发育异常，牙齿异常的分类方法有很多种，比如牙齿数目、大小、形态、结构及颜色的异常。每种牙齿异常都与其发育阶段相对应。目前，牙齿发育异常的病因还不十分明确，有的来自遗传，是家族性的，有的来自环境是局部性的。其中遗传

因素在牙齿发育异常中起着重要的作用，如畸形中央尖又称"东方人前磨牙"，主要发生在蒙古人种的人身上，又如抗维生素D佝偻病是一种遗传性磷代谢障碍，可造成儿童骨骼和牙本质发育不良。有一些人牙齿发育异常，既有明显的家族遗传倾向，又有环境因素的作用，如小牙畸形。

目前，被认为可能由遗传因素引起的牙齿发育异常的常见疾病有：①先天缺牙，其发生的数目和位置不一，可发生在乳牙列，也可发生在恒牙列，恒牙较乳牙多见，由特定的基因突变造成。②先天性无牙症，是先天完全无牙或大多数牙齿先天缺失，通常是外胚叶发育不全的表现，同时合并有毛发、皮肤等发育异常。③多生牙，多见于混合牙列和恒牙列。④牙齿形态异常，如畸形牙尖、双牙畸形，过大牙、过小牙等。⑤常染色体显性遗传病，包括遗传性牙本质发育不全和一些类型的遗传性釉质发育不全，均是在牙齿发育期间，在牙基质形成或钙化时，受到各种障碍造成牙齿发育的不正常，并在牙体组织留下永久性的缺陷或痕迹。⑥先天性唇腭裂畸形，由多种基因和基因－环境因素共同作用引起。⑦龋齿。龋齿易感性也具有遗传性，龋齿和牙周炎都是环境因素与遗传因素共同作用的结果。

但有一些牙齿发育异常，是牙胚发育时期各种外来有害因素影响的结果。如乳牙受外伤时的机械外力，可造成正在发育中的继承恒牙弯曲畸形；牙胚周围的细菌感染、梅毒螺旋体等可引起牙齿的结构和形态异常；因为缺乏一些必要的微量元素导致牙齿发育时期牙齿发育或者矿化不良；一些不良口腔习惯导致的牙列不齐等错颌畸形；或因后天口腔卫生习惯不好导致龋齿、牙周病。以上这些是不具备遗传性的。

爸爸妈妈牙齿不好，首先要判断其牙齿不好的原因，若是由遗传因素引起的牙齿发育异常，可能会遗传给孩子，但若因其他外界各种因素的影响导致爸爸妈妈的牙齿发育异常，一般不会遗传给孩子。因此，爸爸妈妈应该在准备要孩子前就咨询专业人员，对可能发生的遗传类口腔疾病咨询了解，早期预防孩子的牙齿问题，并在孩子牙齿发育的各个时期，相应做好自己和孩子的口腔保健工作，保证孩子的口腔健康。

乳牙反正会掉，蛀了问题也不大？

孩子 2 岁，乳牙患了龋齿，但奶奶说："乳牙是暂时的，迟早会换牙，不用担心。"真的是这样吗？

真 相

龋齿对于儿童的危害超过成人，这种危害既影响局部也影响全身

指导专家：郑黎薇
(四川大学华西口腔医院儿童口腔科教授)

乳牙在萌出后不久即可患龋，即我们通常说的"虫牙""蛀牙"。与恒牙相比，在乳牙萌出后，乳牙龋病的发生较早，这与乳牙的解剖形态、组织结构及其所处的环境等因素相关。乳牙列中存在的间隙及牙冠部的点隙裂沟均易存留菌斑和食物残渣，再加上乳牙的矿化程度低，抗酸力弱，且饮食以甜食、黏着性强的食物为主，儿童又较难自觉地维护口腔卫生，诸多因素造成菌斑、食物碎屑、软垢滞留于牙面，使细菌繁殖，成为致龋的因素。乳牙龋病的临床表现有其特异性，如：患龋率高，发

病时间早；龋化发展速度极快；孩子自觉症状不明显，容易被家长忽略；龋齿多发，龋坏范围广，等等。

乳牙不仅是婴儿期、幼儿期和学龄期咀嚼器官的主要组成部分，而且对孩子的生长发育、正常恒牙列的形成都起着重要的作用。婴幼儿时期是生长发育的旺盛期，健康的乳牙有助于增强消化功能，有利于生长发育。若孩子咀嚼功能低下，颌面的发育会受到一定程度的影响。乳牙的存在能够为继承恒牙的萌出预留间隙，若乳牙因龋早失，邻牙发生移位，则继承恒牙会因间隙不足而位置异常，乳牙的过早丧失也可使继承恒牙过早或过迟萌出。另外，乳牙的根尖周炎亦可使继承恒牙过早萌出，也可影响继承恒牙牙胚，使其釉质发育不全。儿童时期乳牙损坏还会使儿童发音学语受到影响，甚至影响儿童颜面美观，影响其心理健康。

还应引起家长重视的是，龋齿对于儿童的危害超过成人，这种危害既影响局部，也影响全身，特别是乳牙龋病及其继发病变造成的后果，有时比恒牙龋病更广泛、更严重。乳牙龋病造成的局部影响包括影响孩子的咀嚼功能，有时还会导致偏侧咀嚼习惯的形成，时间长了会导致面部发育的不对称。乳牙的龋坏，牙体组织的崩解，会使食物残渣、软垢等易停滞在口腔内，使口腔卫生恶化，导致新萌出的恒牙发生龋坏。当乳牙龋病发展成为根尖周炎后，炎症影响后继恒牙牙胚，可使其釉质发育不全。乳牙根尖周炎导致的局部牙槽骨破坏、感染根管的牙根吸收异常、残根滞留均会使后继恒牙的萌出过早或过迟，影响恒牙萌出顺序和位置。另外，破损的牙冠可刺激局部舌、唇颊的黏膜，引发创伤性溃疡。

乳牙龋病对全身的影响包括对孩子颌面部和生长发育的影响，以及由病灶牙引起的低热、肾炎等全身疾病。

保护乳牙甚为重要，要摒除"乳牙是暂时的，无关紧要"的错误观点，使每个孩子都有一口健康、漂亮的牙齿。

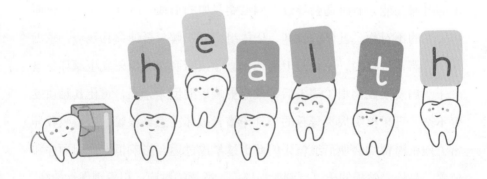

很多牙膏标着可吞咽，就真的可以随便吞咽吗？

宝宝刷牙不会吐出牙膏，不过现在很多儿童牙膏上面标着可吞咽，但吞咽真的没问题吗？

真 相

尽管牙膏标着可吞咽，也不可随便吞咽

指导专家：郑黎薇
（四川大学华西口腔医院儿童口腔科教授）

牙膏是辅助刷牙的一种制剂，可增强刷牙的摩擦力，帮助去除食物残屑、软垢和牙菌斑，有助于减轻或消除口腔异味，使口气清新。如果在牙膏中加入其他有效成分，如氟化物、抗菌药物和抗牙本质敏感的化学物质，则其分别具有防龋、减少牙菌斑、抑制牙石形成和抗牙本质敏感的作用。成人每次刷牙只需用大约1克（长度约1厘米）的膏体即可。

目前我国市售的牙膏大致可分为普通牙膏和功效牙膏两大类。牙膏的基本成分包括摩擦剂、洁净剂、润湿剂、胶粘剂、防腐剂、甜味剂、芳香剂、色素和水等。另外，根据不同目的加入一些有保健作用的制剂，如含氟牙膏、具有抑制牙菌斑与减轻牙龈炎症功效的牙膏、抗牙本质敏感牙膏、增白牙膏和中草药牙膏。

适用于儿童的一般均为普通牙膏或具有防龋功效的含氟牙膏，目前，含氟牙膏已在世界范围内广泛应用，几乎完全取代了普通牙膏，但对于不能完全控制吞咽反射的婴幼儿来说，其不能理解应吐出牙膏，所以可能会吞入大量的含氟牙膏。对于同时饮用氟化水源、补充氟化物或摄入其他氟化物的孩子，氟的摄入量（每次刷牙约 0.3 毫克）已经相当多了，而反复摄入少量的氟化物可能会导致慢性氟中毒，最常见的表现是氟斑牙。一次性摄入大量氟化物极可能造成氟中毒，主要症状是恶心、呕吐及腹泻，甚至死亡。

结论

所以，考虑到氟斑牙的发病率可能会增加及对患儿全身健康的影响，家长应密切监督并限制幼儿使用含氟牙膏的量，限制 3 岁以下低患龋危险性的儿童使用含氟牙膏；即便是普通牙膏，也因其中添加有各种辅助制剂而不应该被儿童吞咽。

道听途说

涂氟是孩子牙齿的保护线，孩子牙齿一定要涂氟吗？

听人说，定期涂氟可以防止牙齿龋病的发生，建议每个孩子都去涂氟。真的是这样吗？

真 相

并不是，需要评估其全身用氟的情况再决定

指导专家：郑黎薇
(四川大学华西口腔医院儿童口腔科教授)

氟能够维持牙齿健康，缺氟会增加人体对龋病的易感性。研究认为，氟化物的防龋作用主要是通过维持唾液中一定浓度的氟来实现的。局部用氟时，直接给唾液提供了大量的氟离子，这些氟离子很快进入菌斑和菌斑液中，形成"氟库"。目前认为，氟防龋的机制主要有两个方面：一、降低釉质的脱矿和促进釉质再矿化；二、影响糖酵解，抑制细菌摄入葡萄糖，抑制细菌产酸。

随着儿童全部乳牙的萌出，乳牙列进入一个相对稳定期。此时，应该为所有儿童设立牙科之家，尤其是对患龋高危儿童，应该为其提供适宜的口腔保健技术和局部用氟的指导。如果儿童不是居住在氟化水源地区并且处于患龋高危状态，则应考虑选择最适宜的全身氟化物补充方式。3—6岁的儿童，如果饮用水中氟含量低于0.3ppm，则每日补充氟化物的建议剂

量是 0.5 毫克。如果饮用水中氟含量在 0.3—0.6ppm，则建议剂量是 0.25毫克。如果饮用水中氟含量高于 0.6ppm，则不需要再补充氟化物。

局部应用氟化物在 3—6 岁儿童中的作用也越来越重要，局部用氟的途径包括含氟牙膏、含氟漱口水、含氟凝胶、含氟泡沫与含氟涂料等。其中，含氟牙膏可由个人直接使用；含氟凝胶、含氟泡沫与含氟涂料等应由经过培训的专业人员施用。局部用氟的范围较广，既适用于未实施全身用氟的低氟区或适氟地区，也可与全身用氟联合使用，以增强其防龋效果。同时，局部用氟适用于大多数人，尤其多用于儿童和青少年。3—6 岁的儿童使用含氟牙膏的能力不断提高，对于这个年龄段中较小的儿童通常不建议使用含氟漱口水，因为大部分学龄前儿童不可避免地会吞咽一些漱口水。3 岁开始的儿童局部用氟通常是指由家长或看护人认真地使用适量的含氟牙膏为儿童刷牙，对于牙齿有结构缺陷、有些部位脱矿、有其他指征指示为中度到高度患龋危险性的儿童，或既往有严重龋坏的婴幼儿，应该另外接受由专业人员实施局部用氟。

结论

氟化物虽然具有预防龋齿的功能，但使用何种形式的氟化物取决于多种因素，如儿童的年龄、患龋的情况、所评估的未来患龋易感性（即危险性）和是否饮用氟化水源。对于出生到 3 岁这一阶段的儿童，主要关注的问题是所有儿童都可以获得适宜浓度的全身用氟，对于患龋危险性为中到高度的儿童，选择适宜的局部用氟则很重要。因此，并不是所有的孩子牙齿都要涂氟，需要评估其全身用氟的情况，由专业人员评估其患龋风险，再判断是否需要涂氟。

网上看诊层出不穷，孩子有了问题不信医生先找网络？

现在网络发达，孩子生病了，很多父母不去看医生，而是根据网上的意见给予诊治处理，这样对吗？

真 相

通过网络看病不可靠

指导专家：张思莱
（新浪母婴研究院金牌专家、儿科专家）

孩子生病了不舒服，家长不信医生先去网上问诊的方式是不可取的，家长想要通过网络看病，是绝对不可靠的。正如中医常说的"望闻问切"，西医诊断也需要"视触叩听"四诊，医生看病要观察孩子的面部表情、面部颜色、身体情况以及当时的身体特征，才能确定孩子得了何种病，要如何进行治疗。泰国一家医院，为30—70岁的女性提供子宫颈涂片检查，为了怕女性感觉"尴尬"，医院特意发放了绿色与红色的面具让这些女性佩戴，这么做虽然可以缓解女性的尴尬，但在真正的检查中却不能如此。网上看诊也是如此，医生无法具体接触病人，只凭借一些报表是无法判定患者的身体状况的。因此，孩子生病了，家长一定要带孩子去看医生，而不是通过网络问诊获得诊断和用药。

此外，网络看诊或者网络医生还有一些会坑娃的谣言，比如一个知名微信公众号就认为，"孩子发烧了要自愈"，认为发烧是孩子身体自我修复的过程，家长应该珍惜孩子发烧的时间，抓住机会让孩子自我修复，并且写了大量文章来支持自己的观点。但是连续高烧3天，体温一直39℃，一直不让孩子吃药真的好吗？发烧让孩子吃药是为了缓解孩子的不适。不及时带孩子就医，家长知道孩子发烧的原因是什么吗？发烧不是一种病，只是一种症状，但要及时找到发烧的"因"。婴儿的病情瞬息万变，家长要及时观察婴儿的情况，带孩子去医院治疗。网络上还有一些谣言，比如抢救孩子要在孩子的嘴里塞压舌板，用手指抠孩子的喉咙，这些做法其实都是错的。

孩子生病，家长首先应该观察并了解孩子的状况，便于向医生描述病情。

家长如何向医生描述病情呢？

第一，告诉医生前来就诊的原因和症状持续时间，比如感冒5天。第二，告诉医生孩子的年龄（孩子几个月了），方便医生计算给药剂量以及观察孩子的生长发育是否达到正常要求。第三，告诉医生疾病细节，例如，孩子病情的发展过程（第几天咳嗽忽然严重起来了），孩子的全身情况（有没有发冷发热，有没有皮肤病，大小便情况），孩子最近吃了什么（孩子奶量是多少，要怎么添加辅食）。第四，如果曾去其他医院诊治，其他医院的诊断以及其他医生认为孩子需要的药物，也应该告诉医生。第五，孩子和家族的既往病史。孩子的出生情况，孩子之前有没有生过类似的疾病，家里日常是如何护理宝宝的，这些都需要提前告诉医生。

A 早期教育篇

道听途说

"三岁看大，七岁看老"到底有没有科学依据？

人们常说"三岁看大，七岁看老"，是真的吗？

真 相

这种说法有一定科学依据

指导专家：贾军
（东方爱婴创始人、早幼教专家）

当宝宝出生的时候，他的身体器官已经有了发育的雏形，具备了一定功能，我们也了解大部分器官发展的可能性：我们知道孩子胃的作用，心脏的作用，但是大脑是做什么的，大脑未来会是什么样，对于很多人来说都是一个未知数，因为新生儿的大脑还没有完全发育好，还处在不断发育的阶段，我们无法给孩子的未来下一个简单的定义。

相信很多妈妈都有这样的经验，从宝宝出生起到 3 岁，妈妈带着孩子去医院检查身体，医生会为孩子测量头围，这是为什么呢？医生通过测量头围确定孩子大脑的体积，进而确定孩子的脑部重量。孩子刚出生的时候，大脑的体积只有成人大脑体积的50%，在3岁左右，孩子的大脑体积发展到成人大脑的80%，从出生到3岁，是孩子大脑发展最快的时间。在这三年的时间，孩子的大脑就有这么多的进步，如果在这个阶段没有对孩子进行有效的教育和引导，孩子长大之后，父母就需要花更多的时间和精力来补足功课。

有些家长在孩子游戏时，总是打断孩子，久而久之会使孩子丧失原有的专注力。如果孩子专注力不够，那到上学的时候，要想让孩子可以在教室里专心学习，就需要花更多的时间去培养孩子的习惯。还有一些家长，为了让孩子安静下来，让不满2岁的孩子看电视，这对孩子非常不利。常看电视损伤的不仅是孩子的视力，更重要的是，常看电视会改变孩子的思维方式。电视是以单向的形式向孩子灌输内容，孩子与电视没有互动，孩子一直被动接受电视中的内容，会形成固定的思维模式。等到孩子长大之后，这种思维方式也极难改变。所以，父母要抓住孩子教育的关键点，在不同年龄段给孩子不同的支持和引导。

那么不同的阶段，家长最应该培养孩子什么方面的能力呢？孩子出生后最初的半年，孩子需要理解"这个世界是安全的，是充满爱的"，所以父母要给孩子创造一个安全的、充满爱的环境，让孩子觉得这个世界是安全的，自己是受欢迎的。从孩子会爬开始到学步阶段（8—14个月），这是孩子好奇心最为旺盛的时候，孩子对周围的世界充满了好奇，积极地探索，这时候父母要给孩子创设一个环境，既可以保证孩子的安全，又可以满足孩子的好奇心和探索精神。从14个月到2岁，孩子渴望和家长沟通交流，孩子见到很多事物都要指指点点，这时候父母要创造和孩子的沟通介质，指着不同的事物，告诉他们"这是汽车，这是大楼，这是兔子"，和孩子形成一种良性的交流循环。2 岁之后，孩子慢慢有了逻辑的概念，开始学习解决问题，这时候父母要培养孩子的逻辑感。

可见，孩子的生命发展是有一定阶段性的，父母要和孩子一起成长，才能做好陪伴，见证孩子的成长。

道听途说

都说"贵人语迟",是真的吗?

民间有"贵人语迟"的说法。一些宝宝说话晚,虽然模样灵敏,听得明白,但就是2岁了还不怎么会说话,于是一些人安慰家长道:"金口难开,贵人语迟!"这真的对吗?

真 相

"贵人语迟"是家长自我解嘲的美好愿望,是一厢情愿的责任推卸

指导专家:贾军

(东方爱婴创始人、早幼教专家)

"贵人语迟"这句话到底是什么意思?其实"贵人语迟"并不是指孩子学说话晚,而是指君子"敏于行而讷于言"。因为深思熟虑后才讲话,所以讲话迟缓,并不是现在被人们望文生义而理解的说话晚。

"贵人语迟"出处有二。出处一是"贵人语迟,敏于行却不讷于言,泰山崩于前而色不变"。出处二是古语"水深则流缓,人贵则语迟"。贵人说话慢,不轻易下定论,谨言慎行;深水流得缓慢,表面风起浪大,深处的水还保持着缓慢的速度。无论是哪个出处,都和孩子说话晚没有关系。

儿童语言发展的规律是：大约 3 个月时，会出现类似语言的声音，例如"gu""ku"或者"u"；大约 7 个月时，进入咿呀学语阶段，最早开始说的往往是"爸爸妈妈"；1 岁左右的宝宝能够听得懂 20 个词，能模仿说出的词却只有几个；到 1 岁 6 个月时，宝宝能够掌握 50 多个词；到了 2 岁，就可以说出 300—400 个词和一些简单的短语，如吃饭、上班等；到了 3 岁左右，宝宝能掌握 1000 个词。

如果宝宝说话的时间明显偏离上述规律，可能是疾病的信号，包括听力障碍、智力低下、自闭症等。有一类说话晚的孩子不属于病态，叫作特发性语言发育延迟。这种孩子外貌、表情、行为、智力、理解能力均表现正常，会使用肢体语言表达意思，但就是到了 2 岁 6 个月或 3 岁还什么都不会说，但一旦他会说话，就好像忽然间什么都会说了。对于这样的孩子，家长要多和孩子慢慢说话，给他讲故事，到 3 岁多，孩子一般就会说话了。

特发性语言发育延迟的孩子很少，而且诊断必须由专业医生做出，如果家长抱有侥幸心理，把所有说话晚的孩子都当成正常而不去就诊，则可能酿成大错。

语言是智力的载体，随着对语言的掌握，婴幼儿的智力大跃进般地发展。语言是特定概念发展的重要推动力。美国康奈尔大学的一项研究结果表明，对 18 个月的宝宝来说，语言能帮助宝宝认识空间关系。

教会宝宝早说话对宝宝的智力发育有很大的好处。那么如果宝宝说话晚，有什么具体的对策？

宝宝说话比较晚，父母往往都从宝宝身体上找原因，其实很多时候是自己的教育方法出了问题。比如，宝宝想要什么，只要手一指，根本不用说话，父母就会把东西拿到他面前。在这样的家庭中，宝宝不需要学习和使用语言，通过行为就可以达到效果，语言就被忽视了。

锻炼宝宝语言能力的方法多种多样，比如父母多与宝宝交流，鼓励宝宝使用语言表达，给宝宝创造丰富的社交环境。父母可根据宝宝的特点选择相应的活动，最重要的是，不能忽视宝宝的语言发展和需求。

讲睡前故事是培养语言能力的一个重要方法。讲睡前故事时爸爸妈妈需要注意，一定要让讲故事的过程变得有趣。在讲故事的过程中，如果能同时调动宝宝的各种感官，如眼睛、耳朵、双手等，就会很好地吸引宝宝的注意力，刺激智力发育。

爸爸妈妈可以试着让宝宝复述故事。爸爸妈妈挑选一些简明、好记的小故事，通过生动、丰富的语言搭配肢体动作讲述给宝宝听。讲完故事后，鼓励宝宝用自己的语言将故事复述出来。如果宝宝语言能力还不够，可以邀请宝宝扮演故事中的某一个角色，然后由爸爸妈妈与宝宝一起完成对故事的复述。

讲述经历过的事情也是很好的方式。每天晚上，爸爸妈妈可以鼓励宝宝说一说一天经历的事情，爸爸妈妈也可以和宝宝分享自己一天在工作中遇到的有趣事情。亲子沟通和交流，不仅锻炼宝宝的语言能力，同时能够有效促进亲子关系。

爸爸妈妈可以利用孩子的兴趣锻炼语言能力，比如猜谜、词语接龙、益智类游戏、角色扮演，等等。让宝宝跟着妈妈念儿歌，同时还可以加入一些简单的肢体动作，或者在屋子里边走边唱，这些活动都会既让宝宝体会到游戏的快乐，又能帮助他们发展语言。

宝宝太小，让宝宝学游泳是不是很危险？

近年来，游泳训练很火，很多早教班和月子中心都打出"游泳训练"的旗号。让宝宝学游泳会不会很危险？

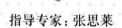

真　相

婴儿游泳益处多多，家长也应做好把关工作

指导专家：张思莱
（新浪母婴研究院金牌专家、儿科专家）

首先，我们应该明白"游泳训练"中的游泳，并不是传统意义上作为一种运动项目的游泳，这种游泳更倾向于戏水或者玩水。家长和孩子一起在水池里戏水，家长在一旁保护孩子，这种"游泳训练"有利于宝宝身体机能的发育，有利于培养父母和孩子之间的亲子关系。

让宝宝进行游泳训练有极多的益处。宝宝在妈妈肚子里时，生活在羊水之中，羊水包裹着宝宝，给宝宝一个温暖的环境。宝宝出生后，面对环境的改变可能会不适应，经常哭泣，把宝宝放在温度适宜的水里，有助于平复宝宝的暴躁情绪，帮助宝宝养成温和的性格，对于宝宝性格形成有着良好的作用。皮肤是人们身体接触外部最广的部分，宝宝在进行游泳训练时，水流会不断经过宝宝的身体，水流会对宝宝的身体造成温和的刺激，有利于宝宝触觉的发育，使得宝宝的身体感觉更加灵敏，因为游泳训练的水温和室温有差距，这种温度的变化有利于增强孩子的体质和孩子的抵抗力，也可以更好地提高孩子皮肤的调节能力。此外，游泳训练作为一种软性运动，也有一般运动所带来的好处，运动消耗婴幼儿的体力，使得宝宝食欲增加，有利于宝宝身体吸收食物里的营养，有利于宝宝身体的发育；宝宝游泳之后往往会快速入睡，充足的睡眠有助于宝宝体内生长激素的分泌；游泳锻炼了宝宝的身体四肢和关节的协调性，能提高宝宝的身体运动能力；此外，游泳可以促进宝宝的胃肠蠕动，有利于宝宝排出体内粪便，减少新生儿黄疸的发生概率。一些科学研究已经证明，进行过游泳训练的孩子生长速度多高于不进行游泳训练的孩子，而且经过游泳训练的孩子身体免疫力明显高于普通孩子。

结 论

游泳训练虽然好，但是并不是每一个宝宝都适合游泳，家长应该做好把关，确保宝宝游泳训练的正常进行。第一，并不是所有孩子都适合游泳。早产儿、低体重儿，还有出生时窒息、患有疾病需要治疗、身体不太健康的孩子，都不适合游泳训练。第二，严控游泳池的水温，游泳池内的水温要保持在适宜婴儿的温度（37℃—40℃），室温28℃。第三，游泳时间应该在宝宝喝奶后1小时进行，给宝宝一个"消食"的时间，在游泳中，父母可以多和宝宝接触，给宝宝做一些按摩，不仅有助于宝宝克服对水的恐惧感，还有利于亲子关系的培养。第四，甄别游泳环境，要找专为婴儿游泳训练准备的泳池，要有游泳圈等一系列辅助和救护设备，有专门的医护人员以及救生人员在旁进行专业指导。特别提醒，如果孩子脐带没有脱落，还应在孩子肚子上贴上防水贴，以防感染。

值得特别注意的是，不要让婴儿使用脖套游泳圈，脖套游泳圈套着孩子的脖子，让孩子脖子活动受限，若充气不足不能让孩子顺利浮在水面上，会让孩子内心紧张，没有安全感；其次，脖套游泳圈卡在人体颈部，对孩子人身安全有着极大的危胁；最后，孩子游泳依靠颈部气圈，在急速转动身体时，容易伤害孩子的颈椎和脖子。为了孩子的安全，不建议婴儿使用脖套游泳圈。

宝宝年纪太小，带宝宝到处旅游对宝宝成长没帮助？

有的人认为，孩子太小，并没有清晰的记忆，尤其是孩子长大后都不记得 3 岁之前的事情；而且带着宝宝去旅游，宝宝太小，吃喝拉撒都很麻烦，表面是旅游，实际每天都在照顾孩子。而有的人认为带宝宝出门旅游就是瞎耽误工夫。

真 相

从医学角度来说，旅行给大脑输入了大量的信息，而这些信息，孩子只有通过旅行的方式才能获取

指导专家：贾军

（东方爱婴创始人、早幼教专家）

人的记忆分为外显记忆和内隐记忆。内隐记忆是一种无意识的记忆，而外显记忆是一种有意识的记忆，比如小的时候教孩子骑自行车，等孩子长大后，他把骑自行车的技术牢牢记在心里（内隐记忆）。他不一定会记得当时学骑自行车时发生的事情，是谁教会了自己骑自行车，在学习骑自行车时出现的各种问题（外显记忆）可能会随着时间的流逝而被孩子遗忘。孩子的成长和学习也是如此，孩子的成长和学习需要特定的情景。学习是一个大脑接受外部信息的过程，孩子的头脑接受足够量的信息之后，才能顺利地完成"对接"。比如，一出生我们就让孩子叫"爸爸""妈妈"，但很显然，刚出生的孩子叫不出高难度的词语，但是父母一直向孩子重复"爸爸""妈妈"这两个词，终于有一天，孩子会自己说出"爸爸""妈妈"。这个过程会持续大约半年，父母不断重复相同的话语，孩子的大脑里储存了足量的信息，孩子的神经网络就自然联通了。

旅行也是如此，带着孩子去一个未知的地方，孩子在旅行中的经历与平时的生活有很大不同，从医学角度来说，旅行给大脑输入了大量的信息，而这些信息，孩子只有通过旅行的方式才能获取。

小女儿半岁时，我带她去新加坡旅游，在海洋馆里，女儿看到海豚特别高兴。半年后再去看海豚，女儿已经开始模仿海豚在水里的动作了。从这个例子可以看出，在短短的半年里，孩子对于海豚的认识就发生了变化。孩子对于海豚的认知随着学习不断深化，给孩子看海豚的照片，给孩子看海豚的纪念品，帮助孩子了解有关海豚的知识，关于海豚的信息会储存在孩子的头脑里，当遇到真实的场景，就会自然而然地再现出来。但如果一个孩子从没有见过海豚，他对海豚的印象仍然是"图片中的海豚"，虽然学习了关于海豚的知识，但是没有关于海豚的体验，见到真的海豚时，也未必能很快将知识联络起来。

带孩子去旅游，给孩子一些日常生活中没有的信息输入，把这些场景存入孩子的头脑之中，让这些场景充盈孩子记忆的宝库，等到时机合适，这些记忆就会"掉"出来。孩子的阅历越丰富，孩子对事物认知的概念维度也就越广阔。旅游带给孩子不常见的信息，使孩子的思想不局限在日常的思维当中，让孩子认识旅途中的人、事、物、景，看到更加丰富的世界，这就是旅行的意义。如果有机会，爸爸妈妈可以多带孩子出去走一走。

道听途说

绝对不能给 2 岁以内的孩子看电视，是真的吗？

现在的时代科技发达，小朋友们从小就开始接触各种现代电器，特别是电视，甚至有些家长也带着自己的小宝宝看电视，他们认为这是孩子认识世界的方式，但也有人认为绝对不能给孩子看电视。真的是这样吗？

真　相

2 岁之前不能看电视，
2 岁之后也需要限制时间

指导专家：贾军
（东方爱婴创始人、早幼教专家）

让宝宝看电视，偶一为之，问题不大，但是如果让 2 岁以内的孩子看电视，或者 2 岁以上的孩子看电视时间太长，是对儿童大脑发展的一种严重干扰。换言之，看电视的孩子是"笨孩子"。

美国儿科学会，作为政策级的建议，明确要求儿童 2 岁前不能看电视。对于 2 岁以上的孩子，也要求严格控制时间。"孩子 2 岁以前千万不能看电视。"这是儿科医生、心理学家的一个基本共识。美国儿科学会在

1999 年提出这一观点，是基于在十几年间 50 个以上的科学实验做出的结论。

其中一个著名的实验，是美国乔治城大学的亚历克斯·罗瑞西纳在大学读博士时做的。实验中，让 30—36 个月的孩子，观看洗衣房里一个玩偶被藏在篮子里或睡衣后面。一组孩子看电视；另一组通过电视剧屏幕大小的窗口看房间的真实景象。

之后，孩子们被一个个带到房间里找玩偶。结果，看电视的那组孩子找不到玩偶，要通过试错来寻找。看到真实情景的那一组孩子，一进房间，就能直奔藏着玩偶的地方而去。

这说明 2 岁以内的孩子不理解电视的内容。看电视这组孩子，尽管他们看到了藏玩偶的整个过程，但他们不理解电视想表现的内容。2 岁内的孩子理解不了虚拟与现实的区别。换言之，孩子一般是 2 岁之后，才能理解屏幕的内容。

美国做了有关《天线宝宝》的实验，他们给 6 个月、12 个月的宝宝顺序播放《天线宝宝》，再倒着播放《天线宝宝》。不管正放还是倒放，6 个月和 12 个月大的宝宝照样笑。这说明小宝宝根本无法解读电视内容！

如果 6 个月以内的婴儿太多接受强光、电、声的刺激，婴儿大脑会对机械的声音产生反应，对于人的声音反而没有反应了！长时间与电视相伴易导致儿童只对电视节目感兴趣，对周围事物漠不关心，患上电视孤独症。

因此，2 岁之内的宝宝不能看电视！

另一个著名实验是德国心理学家温特斯坦和琼维斯进行的"画小人

儿"测试，两组 5 岁儿童，第一组几乎不看电视，第二组每天平均看 3 小时电视。结果证实了电视对儿童智力的巨大伤害。

看电视很少的小孩画的小人儿，无论像不像，都有很多细节，五官、四肢、头发、装饰等等。而平均每天看电视超过 3 小时的孩子画的小人儿则明显缺乏细节，画的小人儿就是一个圆头，一个身子，加上几根线代表胳膊和腿，手不见了，脚丫不见了，头发没有了。五官简化成墨点，且多有缺失。更有些看电视多的孩子画的小人儿，出现混乱、断续的线条。

也许你说画小人儿能说明什么？你小看画小人儿了！画小人儿是竞争激烈的美国顶级私校幼儿园入学观察儿童的必备项目。美国顶级私校幼儿园，不经过筛选，到高三的常春藤＋斯坦福＋麻省理工学院的入学率接近 40%。为什么这些顶级私校考查孩子画小人儿？不是看绘画技巧，而是看孩子的观察能力、耐心和表达能力。有时学校会要求孩子画全家福，从中看出孩子的人际关系观察能力。

再细致分析：电视呈现给孩子的是单通道的视觉、听觉输入，缺乏触觉和运动感觉，而且不需要反馈，使得孩子无法将视觉、听觉和其他感觉通道很好地整合，因此孩子无法有效地完成绘画任务。

那电视腐蚀、毒害你家宝宝的大脑的原理是什么？

首先是电视对大脑的过度刺激。你是否注意到，你的孩子只要一看电视，就对四周环境没有反应，一关掉电视就变得焦躁，而且看电视后，他变得冲动、烦躁。这就是过度刺激的结果。

人的大脑有两种注意力：外界刺激引起的注意力和自觉注意力。两种注意力都很重要。外部刺激引起的注意力，就是对外部刺激有反应，是人的自卫武器。自觉注意力则是孩子读书学习的重要基础。自觉注意力不是天生的，是人后天发展的一种能力，能使人的注意力集中，分析、解决问题。简单讲，注意力是大脑对信息的分级有序处理，告诉大脑什么重要，什么不重要。一个 10 岁的孩子，回家做功课就是注意力的一种展示，因为大脑告诉他现在的优先级是学习，需要集中注意力完成。

可以说，内部注意力是智商的一个决定因素。而电视，光、电、声响刺激很强，是生活中见不到的，日本甚至发生过动画片导致上百观众痉挛送医的事件。为了有趣，电视画面的节奏比生活快很多。在电视的强烈外部刺激下，持续不断的外界刺激调度起来的注意力将影响大脑回路产生自觉注意力，导致注意力涣散。

所以，看电视多的孩子，他们的大脑被预设成对大量无关联的高强刺激起反应，日常生活反而刺激不足。在刺激不足的环境中，孩子是难于保持专注的。能坐着一动不动看 1 小时电视不是专注，而仅仅是对高强刺激专注。这样的孩子对于阅读、算数，很可能是坐不住的，是不专注的。因此，看电视的专注不是专注。

都说教育有不能错过的关键期，关键期真的存在吗？

很多教育机构都说不要错过孩子的关键期，真的有关键期吗？

真相

孩子的发展是一定存在关键期的

指导专家：贾军

（东方爱婴创始人、早幼教专家）

孩子的发展是一定存在关键期的。蒙台梭利曾经说过，孩子在成长的不同阶段有着独有的信号。有些教育的关键期只要错过了，家长就很难"圆"回来。比如视觉发育的最佳年龄是 2 岁之前，如果这段时间眼睛没有去运动，去搜索，去看，去接纳信息，没有得到大量的视觉刺激，眼睛很容易失明。孩子出生的时候，看到的事物都是平的，没有立体感，父母要不断增强孩子的视觉训练，让孩子看一些色彩对比鲜明的图片，刺激孩子的视觉发育。

此外，在孩子的成长过程中，还存在着各种各样的关键期。比如学说话的关键期，孩子从半岁开始牙牙学语，这时家长要鼓励孩子发声，用不同的音频来说话。1—2岁是使用词语、句子的阶段，孩子要做到表达时不再指指点点，可以用语言表达自己的感情。2—3岁的孩子可以进行具体表述。所以1—2岁是孩子理解语言的关键期，2—3岁是语言表达的关键期。家长要抓住关键期对孩子进行教育，给孩子更多语言刺激，和孩子一起读书，给孩子唱童谣、儿歌，也可以用耳语的方式和孩子说话，之后引导孩子去观察，去重复，锻炼孩子的表达能力。

此外，还有运动的关键期，从爬行，到跑步，再到跳，都有自己的发展规律，空间的关键期，建立规则、秩序的关键期，等等，父母要让孩子在合适的年龄做合适的事情，如果在孩子发展的关键期，能给予孩子有力的支持和引导，孩子的发展就会事半功倍。相反，如果错过了关键期，那就需要花更多的精力进行弥补。所以，要抓住关键期，给孩子合适的、最好的教育。

道听途说

都说隔代教育难，真是这样吗？

我国隔代教育成为一个普遍现象，因为新旧两代的育儿观点相差太多，有的老年人仍然坚守老旧观念，而且存在婆媳关系等一系列问题，很多年轻人都认为隔代育儿弊大于利，咬着牙坚持自己带孩子。

真 相

隔代育儿不是只有弊，还有利，关键在于年轻人如何处理隔代育儿这一问题

指导专家：张思莱
（新浪母婴研究院金牌专家、儿科专家）

　　隔代育儿是大多现代家庭面临的问题，现代人忙于学业、工作，往往结婚较晚，职场女性越来越多，女性工作压力和男性等同，往往生完孩子就马上返回职场，加上工作压力大，需要处理的事情多，并没有足够的时间自己带孩子。这时，老年人往往担起隔代教育的大任，老年人和孙辈存在亲情，愿意主动去帮忙带孩子——隔代育儿既增加了老年人

和孙辈的相处时间，又减轻了子女的生活负担。隔代育儿不只有弊，还有利，关键在于年轻人如何处理隔代育儿这一问题。

现在社会上很多人完全否认隔代育儿，对隔代育儿往往"谈虎色变"，但其实隔代育儿有着不可比拟的优势。老人和儿孙存在着血缘关系，相对于他人往往更加可靠，目前月嫂、育儿嫂市场乱象频出，让人战战兢兢，老人带娃不仅安全可靠，也可以帮子女减轻压力。与新手爸妈不同，老年人经历过生育，照顾孩子有更丰富的经验。虽说老年人有些想法有些"过时"，但是我国传统文化中仍然存在一些闪光点，老年人能把传统文化中的优秀部分教给孩子。老年人帮助年轻人照顾孩子，一家人都生活在一起，老年人照顾子孙，儿女赡养老人，一家人其乐融融，共享天伦之乐。

事物都存在着两面性，隔代教育也存在着很多问题。首先，老年人带出来的孩子可能和父母不亲。父母工作忙，往往把孩子全部交给老人管。2岁是父母和孩子建立亲密依恋关系的时期，如果错过了这个时期，孩子长大后很难和父母亲近，会对父母缺乏安全感，也会对世界缺乏安全感，和父母之间也会有诸多问题。其次，老年人和青年人之间存在代沟。世界发展越来越快，每时每刻人们都在面临着日新月异的变化，老年人常常遵循着老一辈的思想观点，有时一些观点早已变旧，不再符合现代科学，新旧育儿观点往往使得老年人和年轻人之间存在诸多矛盾，老年人常常坚持的"你就是我这么养大的！"使得两代人矛盾激化，摩擦日益加剧。最后，老年人对孩子特别溺爱。老年人对孙辈往往都有补偿心理，什么好给孩子什么，往往容易使得孩子被溺爱，丧失独立性，有的孩子还会自私自利、出现暴力倾向，溺爱不利于孩子的性格养成。

面对隔代育儿，父母怎么办？

1. 父母要意识到，自己才是教育孩子的主体，老年人只能帮忙带孩子，却不能很好地教孩子，父母要主动学习科学的育儿知识，同时要尽可能地多陪孩子，给孩子最为有效的陪伴。

2. 理解老人的辛苦。年轻人要意识到老人的辛苦，放弃了退休后安逸的晚年生活，主动帮年轻人带娃，对于老年人，年轻人要多一些理解，多一些尊重。

3. 遇到问题要积极沟通。如果遇到问题，一家人不妨静下心来，认真聊聊，看如何做才可以更好地解决这个问题。

穷养儿，富养女，这种说法有科学依据吗？

有一种传统观念："男孩要穷养，女孩要富养。"这种说法现在适用吗？

真　相

当今时代应该坚决摒弃这种说法

指导专家：张思莱
（新浪母婴研究院金牌专家、儿科专家）

　　男孩要穷养，是指在养育男孩的时候，父母要多给男孩一些苦头，给男孩一个贫穷的生活环境，"苦其心智，饿其体肤"，学会艰苦朴素，不懈奋斗，帮助男孩志存高远，终成大器。在养育女孩的时候，父母要多给女孩一些甜头，要给女孩丰富的物质条件，让女孩多见见大世面，这样才会让女孩有"过尽千帆"的见识，这样，当女孩子走入社会的时候，才不会被外面光怪陆离的世界所诱惑。

　　"男孩穷养，女孩富养"的教育理念是封建的育儿观，在当今时代应该坚决摒弃。长久以来，我国都有着"男耕女织"的传统，认为男性应该做个"修身、齐家、治国、平天下"的大丈夫，而女性就要在家"生儿育女"。在封建社会，女性身为男性的附属品，没有自己的自由，一切都要听丈夫的。男性可以妻妾成群，而女性却要遵守"饿死是小，失节是大"的贞操观。封建时代女孩富养，就是希望女性可以在家里"大门不出，二门不迈"，在与男性结婚后做一个贤良淑德的好妻子。而"男孩穷养，女孩富养"是封建老旧思想的翻版，人们的思想仍然局限在过去"夫唱妇随"的老旧思想当中。随着经济的发展以及社会的进步，越来越多的新思想冲击着原有的老旧观念，"谁说女子不如男"，男孩女孩都平等，这些新的思想，也为"男孩要穷养，女孩要富养"的观点赋予新的内涵。

随着社会的发展和经济水平的提高，人们生活水平得到极大提升，父母尽心照顾孩子，久而久之，使得孩子们衣来伸手，饭来张口。父母希望把女孩富养，希望女孩一生可以顺顺利利，但无论男孩女孩，父母都应该对他们进行挫折训练，让孩子们成为勇于搏击风浪的海燕，教会孩子们勇于面对各种挑战，让孩子们适应未来社会的各种情况。长期富养女儿，会把女儿养成温室里的花朵，当女孩长大遇到痛苦，发现现实与期望有所不同时，为了保持原有的生活水平，女孩更容易受到外面世界的诱惑，父母长期溺爱女儿也容易让女儿的性格变得傲慢自大、飞扬跋扈。家长不要不舍得"用"女儿，而要给女儿一些适度的挫折教育。正如同英国诗人拜伦所说的那样"逆境是到达真理的一条道路"，为了孩子更好的未来，对女孩的教育中，也要增加一些挫折教育，让孩子在荆棘中成长前进。

从"妇女能顶半边天"，到现如今女权主义思想的广泛传播，男女平等的观念早已深入人心，父母教育孩子，无论是男是女，都应该平等对待，要把孩子培养成对社会有利、有贡献的人。

要"赢在起跑线"，5岁让孩子学英语晚了吗？

"赢在起跑线上"是太多早教机构的标语，人生似乎成了一场赛跑，无数家长整装待发只为不落于人后，孩子也必须绷紧神经，不断努力向前，不甘屈居人后。

真 相

每个孩子都有成长的花期，父母应放下焦虑，静待孩子花开彼岸

指导专家：张思莱
（新浪母婴研究院金牌专家、儿科专家）

到底何时才能算是"起跑线"呢？幼儿阶段、婴儿阶段、胚胎阶段，到底哪个才是人生的起跑线？早教并不应该是超前教育，而是符合孩子心理和生理发展的素质教育。根据孩子的心理和生理发育规律，0—3岁是小孩母语的发育期，这时候如果再学一门外语容易影响孩子的母语发育，3—12岁是孩子学习第二外语的最佳阶段，12岁之后要让孩子再进行外语的学习，学习难度将会大大增加。值得注意的是，6岁前的孩子学

习外语的主要目的应该放在增强兴趣上，等到孩子 6 岁以后，再让孩子系统学习听、说、读、写、译。

"赢在起跑线"成为众多家长耳熟能详的口号，培养了许多焦虑的家长：孩子在胚胎阶段就开始进行胎教，孩子生出来之后，马不停蹄地开始上亲子班、早教班，各种课外辅导班让人目不暇接，孩子们的童年时光迷失在一个个早教班中。家长们也使出十八般武艺督促孩子学习，带着孩子学习乐器，带着孩子考级学特长，如果孩子成绩不好，父母还会指责，消极情绪也不利于孩子良好性格的养成……"赢在起跑线"让家长和孩子都身心俱疲，给孩子的成长带来了大量无形的压力。蒙台梭利认为，幼儿每个智力发展阶段的出现都是有次序的和不可逾越的。父母应该相信每个孩子都有成长的花期，放下内心的焦虑，静待孩子花开彼岸。

我们都知道，中国的语言与国外的语言有着很大不同，中文是象形文字，在学习时主要利用前脑的布鲁卡语言区，中文学习强调"运动"；而英语是拼音文字，常常利用后脑的威尔尼克语言区，英语学习要注重"听"。两个区域相隔较远，如果小的时期孩子没有学习英语，他的威尔尼克语言区就会处于停滞状态，慢慢丧失其用处，以后再学习语言就会难上加难，所以脑科学家普遍认为，3—12 岁是孩子学习英语的最好时期。

结论

要想让孩子学好英语，良好的语言环境很重要。为什么国外华裔的孩子往往都能熟练掌握两门语言？是因为孩子有着良好的学习环境。孩子出门在外，处于英语环境里，每天接触到的都是英语，每天听到看到的都是英语，回到家之后，父母再和孩子说中文，孩子在一个良好的语言环境里进行语言学习，自然能学好外语，熟练掌握两种语言。

如何帮助孩子学英语呢？父母可以采用多种方法提高孩子学习英语的兴趣，比如带孩子读英语绘本，和孩子一起看英语动画片，调动孩子的五感，帮助孩子在玩乐中掌握一些日常用语。其次，增加孩子的满足感，能与"老外"简单交流是一件会让孩子很开心的事情，孩子有了自豪感，就会更主动、更努力地学习英语，也会加快英语学习的速度。

道听途说

"你是从石头里生出来的！"这样回答
对吗？

要怎么回答孩子"我从哪里来"这个问题？
"你是从石头里生出来的！"这样回答对吗？

真 相

性教育里不可以有善意的谎言

指导专家 胡萍
（儿童性心理发展与性教育专家）

　　性教育里不可以有善意的谎言，不仅性教育里不能有谎言，只要是教育里就都不可以有谎言，谎言会让孩子失去对家长的信任，如果教育者失去孩子信任的话，那么何谈教育呢？所以，在性教育里不能有善意的谎言，要真实地回答孩子的问题。那么要如何回答"我是从哪里来"这个问题呢？

　　父母要提前学习，准备好回答孩子提出的各种问题，虽然每个家庭的文化和育儿方式不同，但是，在回答孩子的性问题中，给孩子传递健康科学的性价值观是性教育的核心。只要我们把握这个原则，在回答孩子的性问题时就不会出现方向性的错误。

原则一，有问必答。

父母应该尊重孩子了解自己生命的权利，对孩子的提问做到有问必答，不可以回避或转移孩子的话题，否则会让孩子感觉性话题神秘，反而激起孩子探索的欲望。如果孩子得不到满意的答案，他们就会纠结其中，要么他们会坚持不懈地向父母索要这个问题的答案，要么他们就通过网络和同伴自行探索，父母就失去了对孩子了解性信息的掌控，也失去了与孩子交流性话题的契机。

原则二，有问才答。

对于 6 岁前的孩子，父母不要主动给孩子讲解更多性知识，在孩子提出问题后，我们针对问题进行回答。不可以欺骗和搪塞孩子，因为孩子总有一天会发现事实真相，会失去对父母的信任。

原则三，答案要符合孩子的年龄认知。

父母给予孩子的答案要简单明了，符合孩子年龄认知，让孩子能够听得明白。父母回答完孩子的提问后，是否继续讲解，要取决于孩子是否继续发问，如果孩子对父母的答案已经满意，说明孩子对这个问题的理解到此为止，父母没有必要继续深入地讲解，否则就超越了孩子的认知范围。

原则四，父母的回答以解决孩子当下的问题为原则。

孩子问什么，父母就回答什么，告诉孩子事实，以解决孩子当下的困惑为原则，父母的答案不要给孩子带来新的困惑。不要在答案中引入更多孩子不能理解的新概念，这会让孩子的问题没有解决又面临新的问题。

原则五，父母不可以主动提供有两性活动细节的答案给孩子。

如果孩子已经问到了精子卵子结合的细节，说明孩子已经探索到了这个问题，父母可以坦然而简单地回答"是"或者"不是"，不要过多地给孩子提供有性活动细节的答案，否则会刺激孩子进行更多超过年龄的性探索，不利于孩子的心理发展。

原则六，父母回答孩子问题的态度比对孩子讲了什么更重要。

父母诚实而坦然地回答孩子的问题，至少可以获得孩子的尊重和信赖，就像回答孩子提出的其他问题一样。父母坦然，孩子就会认为这个问题与其他问题一样，没有什么特别的，孩子就不会对这类问题特别关注了。

原则七，不可以用成人的性语言回答孩子的提问。

在回答孩子的提问时，不要用"性交""做爱""性生活"等成人的性语言作为答案，因为孩子不明白这类语言，他们会继续问"什么是性交"，这会让父母陷入困境。如果要告诉孩子精子与卵子结合的方式，可以用"生殖器接触"，这样回答孩子就明白了。

原则八，尽量减少和避免与传统文化的冲突。

"谈性色变"是我们的传统性文化，特别是对孩子谈性。父母回答孩子提出的问题后，告诉孩子：性话题是隐私的，是秘密的，可以在家里和爸爸妈妈讨论，不要与小朋友或者其他人讨论。尽量减少孩子因为性话题被他人误解和攻击的可能。如果孩子与小朋友谈论这个话题时说出了自己的看法而被他人误解，父母要保护孩子，同时再次告诉孩子话题的隐私性。

原则九，耐心等待孩子的成长。

让孩子完全理解自己生命的来源，是一场马拉松式的问与答。一般来说，孩子在 3 岁左右就会提出"我从哪里来"这类问题，5—6 岁时提出"精子与卵子到底是怎么结合的"，到 10 岁左右孩子会提出"男女生殖器如何结合，精子才能够进入女性身体"，这是孩子对生命认知和理解的一个过程。父母不可以在孩子 3 岁提出问题的时候，就将 10 岁孩子才会提的问题的答案给孩子。父母需要做好准备，耐心等待孩子的成长。

"狼爸虎妈"出才子，这种教育方式真的好吗？

有人认为"棍棒之下出孝子"，这样做真的对吗？

真 相

在教育孩子的过程中，父母要注意因材施教，赏罚并重

指导专家：张思莱

（新浪母婴研究院金牌专家、儿科专家）

"狼爸虎妈"并不是一两个人的现象，而是一种社会现象，有很多狼爸虎妈把孩子培养成材，比如蜚声世界的郎朗是"不打不成器"的典型，也有很多孩子因为父母的严厉教育，考入国内外顶尖名校。但也有很多孩子，因为从小生活在父母的棍棒教育之下，性格胆小怕事，最后庸碌过一生，更有一些孩子，从小被父母粗暴对待，不知道如何正确与人相处，最终造成了不可挽回的悲剧。对于狼爸虎妈的教育，我们应该具体问题具体分析。

　　狼爸萧百佑，他认为棍棒之下才能出孝子，他认为"三天一顿打，孩子进北大"，如果孩子的成绩、品行达不到他的要求，就会打孩子一顿，为了在平日严格规范孩子的行为，他甚至为孩子定了"几不许"规则：比如孩子不能吹空调，不能随便喝可乐，甚至对冰箱门的开关都有规定。狼爸萧百佑还在内心定了一百多条规则，孩子犯不同的错误打的程度也不同。在狼爸萧百佑苛刻的教育之下，他的三个孩子都考上了北京大学。

　　美国华裔母亲蔡美儿教授是一个虎妈，她曾经写过《虎妈战歌》这本书，其中严格约束女儿的日常生活，她自称在教育中"采用咒骂、威胁、贿赂、利诱等种种不正常手段，要求孩子顺着父母"。同时，她还为女儿定下十条戒律：比如每门成绩不能低于 A，不能参加校园演出，不准看电视。在这种教育之下，虎妈的大女儿考上了哈佛大学，而另两个女儿在音乐上也颇有成就。狼爸虎妈的经历，一经媒体报道就引起极大的社会关注，虎妈甚至登上了《时代周刊》的封面，她的教育方法引起了众人讨论。

长久以来，教育界一直强调赏识教育，人们认为要对孩子进行爱的教育，要摒弃传统的批评式教育，多多赏识孩子的潜力，每个孩子都是天才，都有属于自己的闪光点，父母对孩子进行教育的时候，要多说"你真棒"，用以代替"你错了""你不行"。老师在授课中要解放孩子的天性，不要轻易批评孩子的行为，要以欣赏的眼光看待孩子的错误，孩子在积极的气氛中学习，快乐成长。一味地强调赏识教育出现了问题，比如美国 20 世纪一直奉行斯波克育儿法，强调的就是孩子中心主义，然而学生素质下降，带来了巨大问题。狼爸虎妈的出现，也开始让我们思考：赏识教育真的好吗？

赏识教育一味赞同孩子个人能力，孩子长久以来生活在他人的赞赏当中，一直处于甜蜜的状态，很容易骄傲自满，形成以自我为中心的性格。

完全不加制止的赏识教育是不可取的，正确的教育模式应该是"赏识教育＋惩罚教育"。赏识教育给予孩子肯定，发现孩子的优点，用赏识的方法激励孩子不断向前，超越自己；惩罚教育在孩子出错时为孩子"纠错"，为孩子建立规则，把惩罚的威慑力内化为孩子的内心思想。两者合而为一，彼此互补才能达到最好的教育效果，在教育孩子的过程中，父母要注意因材施教，赏罚并重。

男孩相对女孩是性别教育的弱势群体，是真的吗？

男孩在性别角色发展、学业成就，以及社会行为方面存在相对弱势的表现。

真 相

没有这种说法，男孩和女孩在性别教育中应该被平等对待

指导专家 胡萍
（儿童性心理发展与性教育专家）

　　并没有男孩相对女孩来说是性别教育的弱势群体这种说法。在日常家庭生活当中，通过父母的言行举止，无论是男孩还是女孩都可以从父母的表现流露出来的信息中，获得对男性或者女性的认识。父母不会对男孩一种说法，对女孩一种说法，并不存在男孩是弱势群体这种说法，男孩和女孩在性别教育中应该被平等对待。

　　孩子从出生就开始了对性别的认识。在观察和感受不同性别的特质中，孩子建立了自己对性别认识的方式和收集相关信息的途径，然后孩

子尝试去按照这些特质生活，逐渐形成男性化或女性化气质。绝大部分的孩子在 3 岁左右就对自己的性别有了稳定理解和认同。孩子性别意识和角色的发展来自父母的教养方式和孩子自身的学习。

父母按照社会地域文化中对男女性别的不同要求来对待孩子，规范一类性别的人应该如何去做，期望孩子被社会地域性别文化所接纳，这就叫作性别的刻板印象。从婴儿开始，父母对待男孩和女孩的方式就是不一样的，这些不一样表现在说话的方式、玩乐的方式，为孩子买的衣服、玩具上。这样的教养方式让孩子逐渐认识到自己是男性还是女性，也懂得了性别的不同。

婴儿出生后就开始观察父母，从父母的声音、与自己交流的方式、父母的衣服样式、头发的长短……婴儿逐渐懂得了男人与女人的不同。孩子随之与同龄群体交往，确认并开始理解自己的性别归属。他们在与同龄伙伴的游戏、对父母身体的了解中，逐渐理解了性别的差异。另外，孩子也从各种媒体传递的关于性别的刻板印象的信息中认识和理解性别的特质。比如，电视广告中女性凸起的胸部、靓丽的面容，婴儿用品广告中妈妈照顾婴儿的形象，让孩子理解了女性的特质。还有一些动画片中的人物形象，比如《大力水手》中的波波，他有强壮的肌肉，力大无比，而他的女朋友奥里沃却身体瘦瘦的，腰细细的，说话的声音尖尖的，是非常女人化的一种形象。动画片讲的故事突出表现了当奥里沃遇到困难的时候，波波就会不顾一切地去救她，显示了男人的勇敢和对女人的保护。

孩子首先要对自己的性别身份认同，然后他才会按照社会认可的方式，塑造符合自己性别的行为模式，融入他所处的社会文化体系。一个婴儿在生物学的性别基础上，逐步成长为具有社会认可的行为方式的男人或女人的过程就是性别角色的发展过程。

与孩子其他机能的发展一样，孩子对自己性别的认同和性别角色的发展也存在着一个关键期。父母在帮助孩子度过这个阶段时，需要把握以下原则：

原则一，不要跨性别教养孩子。

如果在孩子 2 岁前，父母对孩子长期地跨性别教养，比如，男孩当女孩来教养，给男孩穿裙子、梳小辫等，将破坏孩子建构的性别图式，干扰孩子对自己性别特质的认知，使孩子无法将自己的身体结构与性别的其他特质相统一，最终造成对自己性别认同的障碍。

原则二，真心接纳孩子的性别。

父母对孩子性别的真诚接纳，才能够让孩子认同自己的性别。

原则三，帮助孩子建构性别图式。

孩子对男性和女性的生理特点、行为以及人格特质的心理表现，构建了孩子对性别的完整理解，这种理解就是孩子的性别图式。孩子将按照自己构建的性别图式来构建自己的心理性别以及性别角色。

2 岁的幼儿对自己的性别还不能够非常明确地理解，不明白男女在服装和其他用品上的区别。这个年龄正是孩子从对母亲的认同转向对父亲的认同阶段，这个过程需要父亲的陪伴，在与父亲的交流中建构自己对男性的性别图式，母亲用语言引导无法让孩子建构这样的性别图式。因此，父亲要多陪伴孩子，如果父亲实在不能多陪伴孩子，那么让男性亲属多与孩子在一起。

原则四，让孩子习得自己的性别行为。

在孩子开始练习自己小便的时候，父母应该以符合孩子性别的小便方式来训练孩子，有利于孩子认知自己的性别，也有利于孩子融入同伴群体。男孩的成长离不开父亲的榜样作用，包括学习小便的过程中对父亲行为的模仿。母亲大包大揽的教子方式给男孩的成长会带来许多问题和烦恼。

原则五，满足孩子对异性服饰的好奇心。

在 3—4 岁这个年龄阶段，孩子出于好奇心，会体验穿异性服装的感觉，比如男孩提出来想穿妈妈的裙子，女孩也会拒绝穿裙子，而希望像男孩那样穿裤子。孩子偶尔跨性别地穿着服装或者是扮演角色，这不是性别认同障碍的表现。

原则六，满足孩子体验异性小便方式。

3 岁左右的孩子总是喜欢相互模仿和体验异性小便的姿势，男孩模仿女孩蹲着小便，女孩模仿男孩站着小便。看到这样的模仿行为时，父母不要强行粗暴地进行干涉，也不要责备孩子，及时帮助孩子换下弄脏的裤子或鞋子就可以了。我们可以告诉她："如果你愿意，你可以像男孩那样站着尿尿，但这样会弄脏裤子或鞋子的。这次妈妈先帮你换上干净的，下次不要弄脏啊。"当孩子对异性小便方式的好奇心得到满足后，这样的行为便会自动停止。同时，孩子在同伴群体的影响下，为了被同伴群体接纳，他们也会积极主动地采用符合自己性别的小便方式。

原则七，父母要平衡两种性别的评价。

成人对女孩服饰的过多赞美让男孩认为女性更容易获得认同，期望获得他人的认同是孩子自我发展的心理需求，所以，父母不要过多在孩子面前夸张地表现出对异性孩子的喜爱和赞美。

原则八，给孩子选择玩伴的自由。

孩子有选择自己玩伴的权利，一段时间内孩子喜欢同性玩伴，一段时间后又喜欢异性玩伴，顺其自然。不论是同性玩伴还是异性玩伴，孩子都能够在与同伴的玩乐中获得不同的人际交往能力，父母无须过度担心。孩子会按照自己发展的需要来选择玩伴。

原则九，理解孩子对男女生殖器认知的过程。

6 岁前孩子会认为男孩和女孩都应该有像男孩一样的"小鸡鸡"，他们会对父母提出相关问题，这是孩子认知和理解自己性别的探索过程。

原则十，不可以贬低异性性别的方式让孩子接纳自己的性别。

用科学的态度对待孩子的问题不等于给孩子讲超越年龄的科学知识。父母不要用让孩子对异性产生"歧视"的方式来帮助其接纳自己的性别。不要把简单的事情搞复杂，直接告诉孩子："因为男孩与女孩不一样，所以，他们尿尿的地方不一样。"这样的答案能够让孩子清楚地理解和接纳自己的性别，同时也让孩子认识到异性与自己的不同。

小时候给男孩穿裙子，长大后孩子是不是容易发生性别认知障碍？

　　一些家长因为不满意孩子的性别，把男孩当女孩来教养，给男孩穿裙子、梳小辫等，这样真的好吗？

真　相

2岁以前是孩子接纳和认同自己性别的关键时期

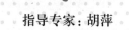

指导专家：胡萍
（儿童性心理发展与性教育专家）

　　是的。2岁以前是孩子接纳和认同自己性别的关键时期。如果在孩子2岁前，父母对孩子长期地跨性别教养，比如，把男孩当女孩来教养，给男孩穿裙子、梳小辫等，将破坏孩子建构的性别图式，干扰孩子对自己性别特质的认知，使孩子无法将自己的身体结构与性别的其他特征相统一，最终造成对自己性别认同的障碍。孩子对自己性别的认同对个体的自我概念的形成非常重要。一些在童年时期被父母跨性别教养的孩子，成年后由于对自己性别不认同，最终做了变性手术，或者发展成了同性恋。

父母要真心接纳孩子的性别。父母对孩子性别的真诚接纳，才能够让孩子认同自己的性别。如果父母不满意自己孩子的性别，并在孩子面前无意流露，会影响孩子对自己性别的接纳。我曾经问一个 3 岁女孩"你是男孩还是女孩"的时候，她眼里有些许忧郁的神情："我是女孩，但我想当男孩。"我说："女孩多好啊！女孩可以穿漂亮的裙子，你看你的裙子好漂亮！"她笑了，看着自己的裙子说："我爸爸妈妈喜欢男孩，他们想我是个男孩。"我轻声问："你怎么知道爸爸妈妈想你是个男孩呢？"她说："他们喜欢姨妈家的弟弟，不喜欢我，我要是男孩他们就喜欢了。"

性别认同障碍是指对自己生物学意义的性别不满意，并且渴望变成相反的性别。具有性别认同障碍的孩子在 2—3 岁时就会有所表现，如孩子会表现为长期坚持自己是异性，为自己的性别感到痛苦；长期喜欢穿异性的服装，厌恶自己性别的服装；长期喜欢玩异性的游戏、玩具；长期喜欢和异性在一起玩，不喜欢和同性一起玩。

性别认同障碍形成的原因受先天遗传因素和后天教养环境的影响，对于男性来说，男性胚胎睾丸的发育不正常，或者睾丸分泌的雄性激素不足，或者雄性激素对下丘脑的刺激不足，都容易导致男性出现性别认同障碍。在传统的育儿模式和文化影响下，男孩更容易发生女性化倾向，原因有以下几个：

第一，父亲在教养孩子的过程中缺位。2 岁以前的孩子，因为受到母亲更多的照顾，无论男孩和女孩都对母亲认同。孩子在 2—3 岁左右对自己的性别有了认同和稳定的理解后，男孩由认同母亲转向对父亲认同，将父亲作为自己性别角色成长的榜样。这个过程如果父亲缺位，比如父亲长期不在家，或者父亲在家里但没有全身心陪伴儿子，或者父亲早出晚归，很少带孩子去做一些男孩做的事，比如爬山、挖沙坑、打仗，等等，男孩成长缺乏男性的榜样，男孩会转向对母亲的认同，导致男孩女性化。

第二，母亲在教养男孩中大包大揽，不让父亲有插手的机会。

第三，男孩缺少获得认可的方式。男孩生活的环境中缺少对男孩认可的方式，女孩的优势常常被成人挂在嘴边，比如漂亮、文静、爱干净、不调皮……而男孩活泼好动的天性却被成人贬低为调皮、捣蛋、不干净、不细心……幼儿园和家庭中应该给男孩营造自我认同的良好环境。

第四，男孩受教育的环境缺乏男性教师。幼儿园和小学教师几乎都是女性，缺乏男性教师作为榜样供男孩模仿。教师对孩子安静、细心的要求更符合女性的心理，而不符合男孩好动、粗犷、豪放的心理，也影响了男性心理的发展。

对于存在性别认同障碍的孩子，父母首先要分清是先天因素还是后天父母养育方式造成的。如果是先天因素造成的，父母要接纳孩子当下的状态；如果是后天教养环境引起的，父母要改变教养方式，才能够使孩子有所改变。

对于离异家庭的孩子，如果孩子跟随父亲生活，父亲要让孩子与女性亲属接触；如果孩子跟随妈妈生活，妈妈可以让孩子与男性亲属有更多的时间待在一起。

对于已经出现性别认同障碍倾向的孩子，父母和家人要耐心帮助孩子接纳自己的性别，这是一个漫长的过程，需要父母坚持。

6 岁前孩子不懂事，母子或者父女共浴可以吗？

目前一些亲子节目中也会出现父女或者母子共浴的情况，这样真的合适吗？

真 相

可以，但为了培养孩子的独立自主能力，一般主张孩子在 3 岁后自己独立洗澡

指导专家：胡萍
（儿童性心理发展与性教育专家）

6 岁前母子或者父女共浴是可以的，但是为了培养孩子的独立自主能力，一般主张孩子在 3 岁后自己独立洗澡。6 岁后，如果长期让父女或者母子一起共浴，会有一些危害，首先会让孩子身体界限感变得很不清晰，其次让父亲给女儿洗澡，或者让母亲给儿子洗澡，对孩子的安全存在隐患，因为之前曾经出现过这样的例子，就是女儿在父亲给她洗澡时受到性侵，这些都会对孩子的成长造成一定伤害。

女儿 2 岁，我们每次给她洗外阴的时候，她都很不愿意，说不要洗

里面（指尿道口），每次洗她都很紧张。我一般都是先和她共情，说："洗里面让果果觉得不太舒服了是不是？但是，因为尿了尿，一定要洗干净的，请忍耐一下。"

在研究中我们发现，女孩2岁左右就会明显表示出不愿意成年人接触自己的生殖器，这是儿童天然的羞耻感所表现出来的行为。如果孩子已经表示出来不希望父母接触自己的生殖器，就说明孩子进入了建构身体界限感的重要阶段，父母应该停止继续帮孩子清洗生殖器。而此时，正是父母教孩子如何正确清洗生殖器的契机，以让孩子独立清洗生殖器和独立洗澡。

很多时候，我们会将一个健康的孩子当成没有生活自理能力的残疾孩子来养育。一个8岁男孩的妈妈告诉我，她至今都在帮儿子洗澡，甚至帮他清洗生殖器。我问她："你的儿子四肢健全吗？"她迷惑地看着我，点头说："健全。"我继续问："既然他四肢健全，为什么不教会他自己洗澡呢？"她回答："我担心他洗不干净啊！"我问："你为什么不教他如何才能够洗干净，然后让他去尝试呢？"她没有再回答。

这是我们国人的一贯思维：孩子做不好，所以我直接代替他做。我问她："你准备帮孩子洗澡和洗生殖器到什么年龄呢？"她无语地笑笑。我告诉她："我们担心孩子不能够做好力所能及的事情时，不应该替代他做，而是应该教会他去做，这样才有利于孩子独立性、自主性、责任感的发展。"

有一次，我到珠海一所幼儿园为家长们讲课，在讲到让3岁以上的孩子独立洗屁股、洗澡时，一个妈妈举手要求发言，她拿起话筒后说："老师，你说 3 岁以上的孩子要独立洗澡、洗屁股，我敢说在座的家长没有一个能够做到，现在我来做一个调查，能够做到的家长请举手。"坐在讲台上的我一看，300 多名听众中居然没有一个家长举手。这位家长满脸得意地对我说："老师，你看到了吧，你所说的 3 岁以上让孩子自己洗澡、洗屁股，没有家庭能够做到！"然后她把话筒交给工作人员，坐下了。

无人举手这个结果是我没有想到的，但我内心非常肯定不是我错了，只是你们没有尝试过相信孩子能够做好这件事情。我妹妹的女儿，在 3 岁的时候就能够独立洗澡、洗屁股，我自己的儿子是从 4 岁开始独立洗澡的，每天洗澡后还要将内裤洗干净并晾晒好才去睡觉。我们的孩子能够做到，我相信你们的孩子也能够做到。

讲座结束之后，一位年轻的德国父亲和翻译找到我，他也是听众之一，听不懂中文，所以听讲座的时候请了一位翻译陪同。这位德国父亲告诉我，他有三个孩子，最小的女儿 2 岁 6 个月，每天晚上都是独立洗澡，不需要成年人帮忙。他说当台下那位听众让大家举手的时候，他的翻译还没有告知他，等翻译告诉他这个环节时，他就错过了举手的环节，现在他要告诉我，我的建议是正确的，因为他的女儿在 2 岁的时候就可以独立洗澡了。我很感激这位德国父亲，在这 300 多位听众中，还是有一个在讲座结束后"举手"了！

道听途说

大家常说的口欲期，真的存在吗？

宝宝最近抓到什么东西都往嘴里塞，吃奶用嘴，不舒服的时候用嘴哭喊，口欲期真的存在吗？

真　相

口欲期真的存在

性教育专家：胡萍
（儿童性心理发展与性教育专家）

"超声波成像技术已经证实，男性胎儿和女性胎儿都有吮吸手指的现象。虽然婴儿获得食物的吮吸反射对于他们的生存至关重要，但是正如弗洛伊德所认为的那样，婴儿也可以通过吮吸手指、橡胶奶嘴、乳头，或者其他适合塞入口中的东西获得一种性欲上的满足，这没有什么惊奇的，因为口腔黏膜有敏感性。"[1]

婴儿通过吮吸获得性满足的过程是人类性欲发展的第一个阶段。在人类性欲的发展过程中，从吮吸妈妈的乳头到吮吸手指再到与自己相爱

① 《性与生活》，中国轻工业出版社，2007 年版，第 298 页。

的人亲吻，吮吸对象的不断改变标志着个体情欲模式的建构和发展。在成年人的性活动中，亲吻是性爱中不可或缺的一个部分，而这个部分正是从幼儿的吮吸中发展而来的。

口欲期的孩子也会对自己身体的其他的敏感部位进行探索，比如乳头、肚脐、生殖器等，我们会看到这个年龄段的孩子摸自己的生殖器或者乳头、肚脐，同时获得全身心的舒服与满足感。这种自我满足性欲的方式是孩子的自体性行为，自体性行为是0—6岁孩子主要的性活动方式。

吮吸妈妈的乳头

对于1岁6个月以前的孩子来说，全身最敏感的部位就是口唇，他们用口唇来探索自己周围的世界。吮吸妈妈的乳头或奶瓶上的奶嘴，婴儿通过满足食欲体验到了刺激口唇带来的全身心的舒服与满足感。吮吸让婴儿发现了这个快感区，并将口唇受刺激后获得的性体验保存在身体的记忆中，这些经验建构了个体性系统的"基础模型"。由于6岁前孩子的性体验还没有整合起来形成以生殖器性体验为主导，所以，我们在理解孩子性体验时，不要将其局限于"生殖器的感觉"。

我曾经观察了一个母乳喂养的婴儿，孩子刚出生2周时，我来到他的家里，看见孩子正闭着眼睛依偎在妈妈的怀里，含着妈妈的乳头。嘴角挂着一丝微笑，极度满足的神态。妈妈告诉我，孩子已经吃饱了，正在"享受"着呢！每次吃饱奶以后孩子会含着奶头"享受"一番，这是母子最为幸福的时刻，这段时间是不可以被打搅的，否则孩子会大发脾气。我试着打开相机的闪光灯，给他拍照，孩子顿时烦躁地哭闹起来，显然他的"享受"被相机的闪光灯打搅了，在妈妈的竭力安抚下，孩子重新含着乳头安静了下来。

　　一些母亲因为无知而错失了与孩子建立依恋关系的最佳机会。有一对博士夫妻，在 40 岁那年结婚生子，他们不让孩子直接吮吸妈妈的乳头获取乳汁，而是将乳汁挤出来，用微波炉加热消毒后，再用奶瓶给孩子喂奶。博士夫妻这样做的理由是："母亲的乳头有细菌，不能够让孩子直接吮吸，母乳也有细菌，所以要用微波炉消毒后才能够给孩子吃。"看似为了孩子的健康，喂养方式却丧失了母性的本能。母乳是婴儿天然的最佳食品，婴儿直接吮吸母乳是母子情感连接的最佳途径，口唇接触乳头的瞬间，母亲从身体到心灵迸发出的原始本能的母爱，让婴儿与母亲的心灵彼此交汇。吮吸乳头的过程是孩子与母亲建立依恋关系和情感的重要机制，这样的机制是人类进化的结果，它能够保证婴儿被母亲接纳，被爱，被养大成人。

吮吸手指

　　胎儿在妈妈的子宫里就有吮吸手指的现象，这说明人类在胚胎时期就能够通过吮吸手指给自己带来身心愉悦。出生以后，婴儿依然沿袭着这个方式来满足自己的情感需求，调节自己的情绪。婴儿吮吸自己的手指、脚趾、衣袖、玩具等来满足自己吮吸的欲望。

　　婴儿吮吸自己的手指、脚趾，或者将整个小拳头放入口中搅和，伴随这些行为，孩子出现脸部皮肤和身体皮肤发红、表情兴奋、握拳和全身紧张，孩子通过刺激自己身体的某个部位来获得性感受和性快感，而不再依赖妈妈的乳头来获得性体验，这是孩子自主意识发展的体现。

　　孩子身处这个他们不能够掌控的世界，对于一切未知他们深感不安，一旦有"风吹草动"：进入幼儿园，离开父母，新来个保姆，想妈妈却见不到妈妈……这些挫折在成年人看来似乎微不足道，但对于来到这个世界不久的孩子来说，这些挫折会让他们感到沮丧、恐惧和无助。吮吸给孩子带来的身心愉悦能够让孩子暂时忘却恐惧和不安，使自己平静，心灵得到修复，积蓄能量，继续应对这个世界带给他们的纷扰。对于幼儿来说，吮吸手指是他们自我安慰的一种有效方式。

结论

　　孩子在不断学习如何成功地应对他的世界，幼年时期用吮吸手指的方式处理自己的情感，并不意味着他们会永远这样，随着不断长大，他们会因有更成熟的方式来处理自己的情感而放弃吮吸手指这种幼稚的行为，父母要用发展的眼光看待孩子的任何行为。

　　如果在口欲期孩子吮吸的欲望没有获得满足，比如孩子吃手指、吮吸毛巾或者其他物品时被严厉制止，孩子的吮吸欲望会延长，以致 3 岁后孩子对吮吸仍然充满热情。

道听途说

6 岁之前孩子不能看 3D 电影?

近年来 3D 电影比较火热，有时候有好的片子也想带着孩子去看。但无意间听见一个说法：6 岁之前的小孩眼睛发育不成熟，不能看 3D 电影。这是真的吗？

真 相

没有明确的科学研究结果表明孩子不能看 3D 电影

指导专家：翟长斌
（北京同仁医院屈光科主任医师）

没有明确的科学研究结果表明孩子不能看 3D 电影。但 6 岁之前，孩子的视力发育不成熟，看 3D 电影可能会很难受。

道听途说

给 12 岁以内的孩子安装汽车安全座椅，是不是就真安全了？

带宝宝出行，有必要给宝宝安装安全座椅吗？安全座椅真的安全吗？

真 相

运用安全座椅比不运用安全座椅，会削减 70% 以上的潜在损伤

指导专家：张思莱

（新浪母婴研究院金牌专家、儿科专家）

孩子即使使用了安全座椅，也不是万无一失的，仍然存在出现各种交通事故的危险，但是需要注意的是，运用安全座椅比不运用安全座椅，会削减 70% 以上的潜在损伤。正确合理地使用安全座椅，在汽车发生碰撞或者汽车忽然减速的情况下，可以减缓冲击，从而减少突发事故对孩子的伤害。全球儿童安全组织特别提出了"怀抱孩子在家中，安全座椅在车中"，呼吁带孩子出行的家庭积极使用安全座椅，给孩子增添更多安全保证。

在日常生活中，我们经常看到各种各样的不规范行为，在乘坐轿车的时候，为了让孩子坐得舒服，人们让不满 12 岁的孩子坐在副驾驶的位置，或者大人把孩子抱在怀里，用身体保护孩子。但实际上这些行为存在着大量的安全隐患，如果不幸发生车祸，两车相撞，如果汽车行驶的速度是 50 公里／时，一名体重 10 公斤的孩子瞬间会产生 300 公斤左右的冲击力，在如此巨大的冲击力之下，成人根本无法抱住孩子，孩子和成人的安全都存在着一定隐患。《美国儿科学会育儿百科》中曾经提到，严重以至于致命的车祸，往往发生在离家 8 千米以内，车的时速一般为 40 千米。如果使用儿童安全座椅，因为儿童安全座椅经过特别的设计，适合孩子的身体特征，其中的 Y 形背带可以牢牢固定住儿童，最大限度地减少意外事故发生时对孩子的冲击。但即便好处众多，在我国，儿童安全座椅的使用率仍然不足 1%，我国生产的儿童安全座椅 95% 销往外国，只有 5% 的安全座椅销往国内。据相关资料统计，40% 的家长允许孩子在乘坐轿车时坐在副驾驶的位置上，有 43% 的家长习惯乘车时抱着孩子。

很多国家的交通法都明文规定，新生儿就要开始使用安全座椅，在美国，准妈妈生子后，如果家人想用私家车把新生儿接回家，就需要接受美国医护人员的检查，美国医院的工作人员会去检查汽车。孩子的年纪不同，安全座椅的方向也有要求，美国儿科学会建议：只要孩子的身高和体重未达到汽车安全座椅的上限要求（体重 9 公斤），18 个月之前的孩子最好使用"后向式安全座椅"，即安全座椅方向和汽车行驶的方向相反，孩子所处年龄段不同，父母也要为孩子选择不同型号的安全座椅。

我国《机动车儿童乘员用约束系统》对儿童安全座椅提出了详细的要求，对儿童座椅的固定带、连接装置、尺寸等各方面都做了解说。此外，在2014年，经国家质量监督检验检疫总局、中国国家认证认可监督管理委员会决定，为了确保儿童安全座椅的质量，国家要对儿童安全座椅进行强制性的产品认证，未获得强制认证的儿童安全座椅不能出厂、销售，用作商业用途。早在2014年，上海、深圳等市就规定儿童乘车必须要使用儿童安全座椅，12岁以内的孩子不允许坐在副驾驶座上。

此外，为了保证孩子的安全，父母带孩子乘车，也需要注意以下几点：

1. 不允许孩子的头或者手随意伸出车窗或者天窗，防止汽车行驶时对方车辆忽然出现，挫伤孩子的肢体或者头部；

2. 做好孩子的安全教育，不能让孩子在行车过程中乱动车门，以免发生行车危险；

3. 不要让孩子在汽车内大幅度运动或者打闹，以免忽然刹车撞伤孩子；

4. 不要单独把孩子反锁在车里，夏季温度高，汽车内空气不流通，孩子容易脱水死亡。

宝宝在幼儿园总是被孤立，家长要不要进行干预？

我们常会看到一些"孤独宝宝"，别的孩子都开心地在一起玩，这些"孤独宝宝"却只能自己孤单地待着，自己的娃在幼儿园受到了孤立，家长看在眼里，疼在心里。

真　相

分析宝宝受到孤立的原因，然后有针对性地对宝宝进行教育

指导专家：高寿岩
（"喵姐早教说"创始人、早幼教专家）

幼儿园是宝宝接触的第一个小社会，宝宝会在幼儿园学会处理人际关系，宝宝在幼儿园经常受到孤立，爸爸妈妈首先要分析宝宝受到孤立的原因，然后再有针对性地对宝宝进行教育。

宝宝在幼儿园受到孤立，可能有各种各样的原因，但大多数情况下，都是因为宝宝自身有问题。一般情况下，以下三种孩子在幼儿园最容易受到孤立："小霸王型"孩子，这种孩子过于强势，容易欺负其他孩子，有时候还会对其他孩子耍坏骚扰，打其他孩子，别的小朋友不愿意受到欺负，便会远远躲开，这种"小霸王型"的孩子自然就会受到孤立；"胆小型"孩子，孩子在幼儿园太软弱，不和其他同学交流，什么事情也不敢去尝试，畏畏缩缩不敢表现自己，会让其他孩子看不起，久而久之也会被孤立；"特立独行"的孩子，这些孩子要么穿衣奇特，要么表现怪异，总之有那么点"格格不入"，这些"特立独行"的孩子也易受到其他孩子的孤立。

孩子被孤立，家长首先要分析孩子被孤立的原因，如果是因为孩子自身的原因，家长就要有针对性地对孩子进行"改变"教育。有的孩子"很奇怪"，总是穿一些怪异的衣服，或者梳一些奇特的发型；或者说话声音特别尖……这些在大人眼里的"小问题"，却是幼儿园的小朋友眼里的"大问题"，他们会认为那些"奇怪"的孩子难以接触，不招人喜欢，就会远离孤立他。如果遇到这种情况，父母只要给孩子换上简洁大方的衣服，或者告诉孩子正确的说话方式，孩子就不会再受集体排斥。但如果孩子因为性格因素在幼儿园受到孤立，爸爸妈妈就要走一条困难而漫长的教育路。如果孩子在日常生活中过于强势，动不动就打人，家长就要教会孩子如何用他人可以接受的方式来表达自己，不能凡事用"拳头"说话，遇到不开心的事情，也不能首先想着拿拳头去解决问题，家长要教会孩子如何用正常的方式和平解决问题。如果孩子特别胆小，家长就要有意识地训练孩子的胆量，让胆小的孩子敢于在群体中表达自己，这样，他就会被群体慢慢认可，不再受到欺负和孤立。

此外，家长还需要和老师进行沟通，在老师的帮助下更好地调整孩子的性格。面对"胆小型"孩子，家长在家里要多鼓励孩子，在幼儿园里，老师也要多给孩子一些鼓励，特别是当孩子有了进步，老师一定要及时表扬孩子，此外也要多给孩子一些表现机会，增加孩子的自信心，让孩子胆子大起来。如果孩子是"小霸王"，在幼儿园特别厉害，在幼儿园主动打人或者挑事儿的话，老师应及时制止孩子，给孩子一些正确的引导。有些家长经常戴着"有色眼镜"看老师，认为孩子受到孤立是因为老师没有做好工作，其实这种看法是错误的。孩子受到孤立的根本原因仍然是孩子自身有问题，家长要主动去寻求老师的支持和帮助，通过家庭和幼儿园两方面的努力，让孩子从孤独里走出来，建立良好的人际关系，顺利走好迈向社会的第一步。

道听途说

宝宝在幼儿园被欺负，家长要不要让孩子"打回去"？

孩子在幼儿园受到欺负，很多家长告诉孩子要"打回去"，另一些家长告诉孩子要"忍回去"，到底应该怎么做呢？

真 相

家长要引导孩子进行思考，找到解决问题的正确方式

指导专家：高寿岩

（"喵姐早教说"创始人、早幼教专家）

孩子在幼儿园受到了欺负，很多家长都纠结于是"打回去"还是"忍回去"，其实这两种观点都很片面，对于孩子受到欺负这件事情，家长要具体问题具体分析。

家长要帮孩子辨别"正常冲突"和"受到欺负"，这两者之间有着极大的区别。孩子有时候会打闹，彼此会推推搡搡，这种推搡不一定是故意欺负，有可能是因为他人不小心，或者游戏本身存在对抗，孩子们免不了彼此有身体接触，这种情况下孩子没必要"锱铢必较"，别人推了我

一下，我就一定要推别人一下。家长要帮孩子学会分析他人的意图，这样可以避免孩子受到不必要的伤害。

如果孩子受到欺负，不能简单地告诉孩子"别人打你，你就打回去"，也不能告诉孩子"别人打你，你就忍着"，正确的做法是帮助孩子学会思考，让孩子知道当面对这种状况的时候"我要怎么做"。首先，家长要让孩子学会保护自己，当孩子遇到打人成性、特别厉害、特别健壮的孩子时，"打回去"和"忍回去"都会给孩子带来伤害，家长这时就要教会孩子"自保"，告诉孩子要及时跑开，或者去向其他小伙伴和老师寻求帮助。其次，如果对遇到的孩子比较了解，确定"打回去"不会给自己的孩子带来更多的伤害，家长可以教育孩子"打回去"，但必须要注意的是，这种"打回去"一定要及时，不能上午被欺负了，下午再"打回去"，及时"打回去"是孩子的一种"正当防卫"，但是过后报仇却成了"挑衅滋事"，老师很容易因此误会孩子，孩子会百口莫辩，十分难受。

家长要帮助孩子学会独立思考，而不是简单地告诉孩子要"打回去"或者"忍回去"。当孩子向家长抱怨被其他小朋友打了，家长首先要向孩子询问当时的情境，孩子会和家长聊一下当时自己的感觉，孩子可能会感觉到难受委屈。家长要引导孩子接着思考，遇到这个问题怎么做。孩子可能会提出一些自己的解决办法，例如孩子可能说自己要去找老师，也可能说要大声吼他。如果家长感觉孩子提出的方法是可行的，就可以对孩子说"我觉得这些方法很好，下次可以试一试"。如果家长感觉孩子提出的方法还有待商榷，就可以问孩子："你觉得这样会有用吗？"这样就会促使孩子进行深度思考。

如果孩子经常被打，家长就要了解孩子在幼儿园里处于一个什么样的地位，如果孩子在幼儿园一直被欺负，家长就要采取一些措施，比如让孩子做一些体育运动，借此锻炼孩子的自信。或者让孩子去学跆拳道，孩子学习跆拳道之后就有了"底气"，底气足了，其他孩子就不敢再欺负他了。此外，如果孩子长期频繁地受到欺负，甚至对孩子的性格造成不良影响，这时家长可以寻求老师的帮助，让孩子在幼儿园得到老师的支持。当孩子受到了欺负，家长要引导孩子进行思考，让孩子及早知道如何解决问题，等他长大后就能学会自己处理人际关系。

道听途说

孩子爱无端打人，是因为家长太溺爱？

孩子爱打人，肯定是因为家长纵容，导致孩子行为越来越严重。

真 相

孩子不会"无端"打人，家长要注意正确引导

指导专家：高寿岩
（"喵姐早教说"创始人、早幼教专家）

孩子不会"无端"打人，一般情况下，有两个原因会造成孩子爱打人，第一个原因是家长对于之前孩子打人的行为处理不当，使得孩子养成打人的坏习惯。另外，孩子爱打人和家长的溺爱有很大关系，孩子小时候打人，家长感觉孩子打人不是大事，等孩子长大就好了，这种纵容会让孩子打人的行为越来越严重。

孩子爱打人，家长首先要看孩子的年龄。如果孩子年龄不大，1岁左右，孩子的语言表达能力尚未发育完全，孩子打人多是因为语言无法很好地表达自己的需求。当孩子受到了挫折，或者家长无法理解孩子的意图，或者家长满足不了孩子的要求，孩子都会打人。这个时候父母对孩子的教育方式很重要，很多父母知道孩子打人不对，但在教育孩子时，

却把方向弄错了，往往适得其反。很多家长往往会给孩子一种负面的强化，在孩子打人的时候一味地对孩子强调"你不能打人，你不能打人"。因为用了大量负面的强化，家长的这种"你不能"实际上在不知不觉中认可了孩子打人的行为，在孩子无法表达需求的时候，孩子就会下意识地选择打人。正确的做法是，孩子打人时，父母应该明确地告诉孩子"打人是不对的"，要告诉孩子你应该怎么做才是对的。例如，1—2岁的孩子为了引起他人的注意忽然打人一下，家长可以拿着孩子的手对孩子说："你打我是不对的，你可以拍拍我或者摸摸我。"家长有了引导，孩子就知道下次怎样引起别人注意，可以用拍一拍或者摸一摸的方式。

大一点的孩子打人，也有一定的原因。例如孩子之前经常打家长，家长溺爱孩子又没有纠正，孩子打家长的习惯延伸到了打他人身上。还有的孩子身强力壮，当他和别人发生冲突，或者在和别人争抢玩具时，他会用"打人"的方法拿到想要的东西，"打人"可以帮他获得利益，长此以往，孩子也会养成打人的习惯。对于这种孩子，家长在教育孩子时要"狠心"，不能让孩子享受打人得到的利益，比如通过打人拿到的玩具，就绝对不能让孩子玩，孩子就会意识到"打人拿到的玩具不能玩"。这时候，家长可以告诉孩子要用什么方式拿到玩具，比如可以用商量或者交换的方式获得玩具，持之以恒，孩子就能用一种正确的方式和其他人交往了。如果必要，家长也可以对孩子实行"温柔的控制"，在孩子打人的时候抓住孩子的手，不让孩子得逞，并且告诉孩子"我很生气"，告诉孩子"你要什么你可以和我说，不要乱打人"，几次之后孩子就会知道，打人并不是解决问题的方式，也会慢慢地减少打人的次数。

道听途说

玩体验性别角色的游戏，会对孩子有不良影响吗？

模仿妈妈生孩子、给宝宝喂奶、照顾宝宝、游戏中扮演爸爸（妈妈）的角色……这样会对孩子的性别意识产生不良影响吗？

真　相

不会，父母不要强制干预

指导专家　胡萍
（儿童性心理发展与性教育专家）

在性别扮演游戏里，孩子是在体验认识性别的角色，对于孩子来说，这种做法丰富了孩子对于性别的认识，只要父母适度培养引导，有利于孩子的性别认知和自我性别认定。父母不要强制干预，而要帮孩子选一些合适的游戏，给孩子一些空间，通过游戏提高孩子的自我性别认知。

我在北京研究期间，记录下了这样一个场景：3岁的女孩小西抱着玩具熊在给牛奶公司打电话："喂，你是牛奶公司吗？我宝宝的牛奶喝完了，请你马上送两盒牛奶来好吗？"然后，她放下电话，抱着小熊等待牛奶的到来。牛奶公司送牛奶来的这个过程在小西的大脑里完成后，她假装给小熊喂奶，然后用一块布将小熊温柔地包裹好，放进小床。小床是一个鞋盒盖，在小西的眼里那是一张美丽的小床，如同妈妈给她准备的小床一样。她用双手捧起睡有小熊的床，注视着小熊，如同母亲注视着自己的婴儿，之后左右来回轻轻地摇晃，并唱着温柔的催眠曲，浑身散发着母性的光芒！

小西对"婴儿"的照顾或许来自对母亲的模仿，但体验的情感却是来自她的内心。在这个游戏中，她体验到了做母亲的责任和美好的情感，理解了母亲这一角色的心理和意识，这便是性别认同和性别角色发展的过程。这样的体验和感受会像一颗种子埋在小西的心里，当她成年后，童年时候体验做母亲的美好感受会直接或间接影响她对婚姻与生育的态度。

孩子首先要对自己的性别身份认同，然后他才会按照社会认可的方式，塑造符合自己性别的行为模式，以便符合他所处的社会文化体系。正如前文所提，一个婴儿在生物学的性别基础上，逐步成长为具有社会认可的行为方式的男人或女人的过程就是性别角色的发展过程。

孩子对性别角色的理解更多地来自对父母的模仿，父母在家庭中对孩子性别角色的示范对于孩子性别角色的发展至关重要。在健康的家庭中，人们扮演健康的角色，父亲在家庭中要给孩子示范如何做男人、父亲、丈夫和儿子的角色，母亲要给女儿示范如何做女人、母亲、妻子和女儿的角色。父母还要给孩子示范如何培养亲密关系，如何做个正常有用的人，如何与他人保持界线，不做逾越角色的事。孩子吸收着父亲或母亲的这些特质，然后尝试着去按照这些特质生活，逐渐形成自己男性化或女性化气质。

模仿妈妈生孩子、给宝宝喂奶、照顾宝宝、游戏中扮演爸爸（妈妈）或者丈夫（妻子）的角色……孩子性别角色的行为发展是在模仿中开始的，他们在游戏中模仿爸爸或者妈妈的行为方式，然后结合自己性别，在游戏中学习并实践男人与女人的行为与责任，体验做男人和做女人的心理过程，这是孩子性别社会化的开始。父母需要为孩子准备适合其性别的游戏材料。

生宝宝的游戏

3岁的茜茜最近喜欢把娃娃塞到衣服里面说："我肚子里面有个小宝宝。"然后拿出来说，"宝宝出来啦，饿了吃点奶吧！"说着就放到胸前假装喂它。

其实，这只是孩子的游戏，妈妈只需要配合孩子游戏就可以了，不需要给孩子解释其他。这个年龄的孩子可以在游戏中将周围的物体、人或活动转换成他们希望的任何东西。

日常生活中，孩子获得了妈妈如何生下并喂养孩子的经验以后，会通过游戏来体验这样的过程，茜茜就是这样。她在游戏中将玩具娃娃转换成了自己的宝宝，自己扮演宝宝的妈妈，然后想象自己怀孕生孩子的过程，并模仿妈妈照顾宝宝的活动。茜茜在这样的游戏中可以拓展对女性角色的认识：女人要当妈妈。同时体验妈妈照顾孩子的过程——给孩子喂奶。在这个游戏中，茜茜还会通过对妈妈的模仿，学习如何关爱孩子。茜茜在这个游戏中发展了她的性别角色，并没有什么坏处，父母不需要干预。

男孩在游戏中也可以当妈妈

有时候，孩子会跨性别扮演游戏中的角色，比如有男孩想扮演妈妈、姐姐，有女孩想扮演哥哥……孩子们想体验异性角色的行为和情感，就像体验异性小便方式的心理一样，这是正常的现象。在游戏中，孩子们想扮演什么角色就让他们扮演什么角色，这只是孩子的体验。这种跨性别角色扮演与孩子性别认同障碍并不是一回事，成人不要太多干预。

孩子们的婚姻游戏

女儿4岁多，最近对结婚感兴趣，画了两只小猫结婚，常问父母结婚的问题……儿子2岁，今年喝了4次喜酒，参加完最后一场婚礼后，他说他也要结婚，要当新郎，新娘是妈妈……

孩子在日常生活中对父母关系的探索，参加婚礼后对新郎新娘关系的探索，说明孩子开始逐渐理解婚姻。在3—6岁孩子的理解中，婚姻有美妙的婚礼，婚姻就是两个人相亲相爱，永远幸福地生活在一起。于是，他们在自己的游戏中开始体验结婚，在游戏中与自己喜欢的同伴"结婚"，举行"婚礼"，成为"夫妻"，然后像爸爸妈妈那样"过日子"：照顾孩子、外出上班、煮饭等活动，成了过家家游戏中的主题。在幼儿园里，我们每天都可以看到孩子自由组合的过家家游戏，同一个孩子每次扮演的角色都不一样，今天可能扮演爸爸，明天可能扮演孩子，同一个孩子可能会与不同的孩子举行"婚礼"，然后过家家，这样的体验是孩子对婚姻生活的认知过程。

道听途说

"头胎照书养，二胎当猪养"真的可行吗？

"头胎照书养，二胎当猪养"是民间广为流传的俗语，很多家长都有类似的感觉：养第一个孩子的时候每天战战兢兢，孩子出了一点问题都焦虑得不得了；在养第二个孩子的时候就变得"心大"，遇到很多事都得过且过，并不像养第一个孩子那样认真无比。

真 相

话糙理不糙，有一定道理

指导专家：张思莱

（新浪母婴研究院金牌专家、儿科专家）

很多家长在生第一个孩子的时候，没有一丁点儿养孩子的经验，不知道孩子生出来是什么样，也不知道孩子在不同年龄段会遇到什么样的事情，1个月、2个月、5个月、1岁、2岁，孩子在不同的阶段都有什么表现，这对新手父母来说都是陌生的，也让父母忐忑不安。就比如当你想去一个陌生地方的时候，没有导航，没有地图，你就会很紧张，因为你对未来一无所知，你不知到那个地方需要用什么交通方式，要花费多

长时间，路上会经历什么样的事情，你通通都不知道，一切都需要摸索着来。可是如果有导航，那就踏实多了，因为我们知道要如何乘车，能估算大概的时间，因为可控，所以心里是平静的。

其实父母养孩子的逻辑也和去陌生的地方一样，在面对老大的时候，父母缺乏导航和路径，在教育时有太多不确定的因素，因此会花更多的时间和更多的精力，孩子遇到什么事情，父母也会更加紧张。因为有了老大的经验，老二出生后，有章可循，父母知道某个阶段可能会出现什么行为表现，要如何对待，就轻松多了。

结论

"头胎照书养，二胎当猪养"这句话并不是说父母不重视老二，而是说父母有了带孩子的经验，育儿更加从容，在教育孩子的时候，心理压力也少了很多。从父母的心理角度来说，很有道理，是典型的话糙理不糙。

道听途说

大宝坚决反对父母生二宝，是因为自私吗？

为了阻止妈妈和爸爸再要一个二宝，大宝们用了各种各样的方法，要求父母写保证书"就算有了二宝也要最爱大宝"，用哭闹自杀威胁父母，希望父母不要要二胎。很多父母心存疑惑：大宝为什么这么反对？是不是因为大宝太自私，不希望别人来分享这份爱？

真　相

这种说法不准确，具体要看孩子的年龄，根据孩子心理发展特点判断

指导专家：张思莱

（新浪母婴研究院金牌专家、儿科专家）

1 岁 6 个月至 3 岁的孩子属于自我意识敏感期，孩子开始意识到"我"和外界的不同，这个阶段的孩子一切以"我"为主，处于容易自私的心理阶段。随着孩子年龄的增大，孩子的自我意识逐渐变强，心理发展也处于不同的阶段，不同的心理发展阶段，孩子有着不同的心理特征，

大宝不想让父母生二宝，父母要具体问题具体分析，不能简单地认为大宝是自私。

在二胎政策开放之前，很多人都是独生子女，独生子女在成长中只有自己一个人，很孤独，而且因为是自己一个人，容易养成以"自我为中心"的性格。而且独生子女家庭风险太高，一旦孩子出现意外，会给家庭带来巨大的伤害。所以，要二胎对于父母和孩子来说都是很有必要的。虽然对于父母来说，无论间隔多少年要二胎都是可以的，但是一般情况下，两个孩子的间隔年龄为2—3岁最好，因为相差的年纪越大，大宝的自我意识就越强，对二宝的接受也就越难。所以，如果父母想要生二胎，可以在大宝自我意识不太强烈的时候来生二胎，这样最易缓解两个孩子之间的矛盾。

结论

父母准备要二胎的时候，一定要做好大宝的思想工作，让大宝有一种印象就是"我要有一个弟弟或妹妹了"，你要给孩子一个心理预期，要告诉孩子你将要变成哥哥或者姐姐了，在准备怀孕时就要给大宝做这样的思想工作。在孩子出生后，也可以带着大宝去医院看看弟弟或妹妹，给大宝做思想工作。虽然做了很多的工作，也有了一定的心理预期，但是对于大宝来说，在潜意识里完全接受二宝还是有点难的。孩子们在成长过程中仍会存在摩擦，也存在争夺，因此需要家长继续努力，引导修补两个孩子之间的关系。

俩宝经常"争风吃醋",根本原因是缺乏安全感?

我有两个孩子,大宝经常与二宝"抢妈妈",是因为缺乏安全感吗?

真 相

不一定,要根据孩子相差年纪及特点具体分析

指导专家:贾军
(东方爱婴创始人,早幼教专家)

这个观点是错误的,中国因为国情特殊,近来才放开二胎,家里孩子的年龄差无法确定,两个孩子可能相差7—8岁,也有可能是17—18岁,当然也有相差2岁的,他们的年龄相差的不同,"争风吃醋"的原因也有所不同,不能统一把"争风吃醋"都归咎为缺乏安全感。

设想一个家庭里,大宝刚刚2岁,妈妈又生了小宝,大宝表现得很抗拒,处处和小宝争宠,但这并不是"争风吃醋",而是因为大宝处于特殊的心理阶段。

2岁的宝宝正在发展对自我的认知,"我是唯一的",要慢慢从家庭走

向伙伴。即使没有弟弟妹妹，2 岁的宝宝也会比过去的任何一个阶段都在意父母对自己的态度和陪伴自己的时间，因为这个阶段孩子是需要"伙伴"的。接着宝宝开始经历从家庭向社会过渡，这时宝宝的内心更加脆弱，更需要父母的陪伴。

举个例子：父母曾经带着孩子拜访一个朋友，让宝宝叫那个人"阿姨"，现在宝宝看到了另外一个女性，宝宝就要去做决定，是叫奶奶，还是叫姐姐，或者是阿姨？宝宝要根据对方的各种特征去判断，但这种判断对宝宝是有难度的，他处于自我斗争当中，这时候的宝宝最需要身边有人能支持他，需要父母的陪伴，给他引导，给他力量。

分析孩子的行为，一定要看孩子的年龄，要分析他所处的年龄段以及心理发展阶段，离开孩子的年龄来谈孩子的教育，很多建议都是不靠谱的，对于两个孩子的争风吃醋，也要具体问题具体分析。

结论

在对待俩宝时，最重要的是父母的态度。美国有一项研究曾经证实过，手足之争并不是真正的两个孩子之争，而常常是父母对待两个孩子的态度和处事方式，决定了两个孩子手足之争的程度。对于两个孩子"争风吃醋"的问题，我认为一个解决方式是处理好两个宝宝出生的间隔时间，比较理想的是相差 3 岁左右。另外，就是有了二宝，父母也要照顾大宝的感受，保证单独陪大宝的时间。